名侦探柯南

科学营地系列

12 了不起的建筑

知信阳光 编

二十一世纪出版社集团
21st Century Publishing Group

图书在版编目（CIP）数据

了不起的建筑 / 知信阳光编 . — 南昌 : 二十一世纪出版社集团 , 2022.11
（名侦探柯南 . 科学营地系列 ; 12）
ISBN 978-7-5568-6838-4

Ⅰ . ①了… Ⅱ . ①知… Ⅲ . ①建筑史 - 世界 - 儿童读物 Ⅳ . ① TU-091

中国版本图书馆 CIP 数据核字（2022）第 186092 号

名侦探柯南科学营地系列 12 了不起的建筑
MINGZHENTAN KENAN KEXUE YINGDI XILIE 12 LIAOBUQI DE JIANZHU
知信阳光 编

出版人 刘凯军
编辑统筹 方 敏
责任编辑 袁 蓉
特约编辑 程晓波
封面设计 高 磊
设计制作 北京知信阳光文化发展有限公司
出版发行 二十一世纪出版社集团（江西省南昌市子安路 75 号 330025）
网 址 www.21cccc.com
经 销 全国各地新华书店
印 刷 深圳市福圣印刷有限公司
版 次 2022 年 11 月第 1 版
印 次 2022 年 11 月第 1 次印刷
开 本 720 mm × 960 mm 1/16
印 张 8
印 数 1~15,000 册
字 数 100 千字
书 号 ISBN 978-7-5568-6838-4
定 价 25.00 元

赣版权登字-04-2022-525

购买本社图书，如有问题请联系我们：扫描封底二维码进入官方服务号。
服务电话：0791-86512056（工作时间可拨打）；服务邮箱：21sjcbs@21cccc.com。

致小读者

亲爱的小读者，你一定非常羡慕柯南的侦探能力。不过，你发现了吗？柯南在侦查案件时，经常需要其他人的帮忙。因为集体的力量是无穷的。良好的协作力可以帮助我们发挥集体的力量，使案件快速侦破。这也是成为侦探必需的入门技能——协作力。

在《诡异的五重塔传说》中，柯南为了证实自己的猜想，请求警官们配合行动，利用道具，重现凶手把被害人吊上五重塔顶层的犯罪过程。推理准确无误，真相水落石出。

在《蓝色古堡探索事件》中，神秘的古老城堡中机关重重，危机四伏。在探寻真相的过程中，少年侦探团的成员们团结协作，一步步解开谜题。

在《豪斯登堡的新娘》中，一场婚礼即将在城堡里举行，新娘却神秘失踪。狡猾的凶手利用没有刻度的花钟伪造不在场证明，柯南识破了这一点。救人和揭秘真相，都需要他人的协助。

在《昙柄寺隐藏的秘密》中，劫匪因车祸身亡，被他抢走的三千万日元也下落不明。柯南借助毛利小五郎获得的信息，将两件看似毫不相关的事件联系起来，揭开了隐藏在寺院里的秘密。

而在《雪夜的恐怖传说》中，幽暗的古宅里，凶手利用传说行凶。案件扑朔迷离，幸好有大门龙子提供的线索，柯南一层层拨开面纱，真相一点点浮出水面。

这五起案件发生的场所有古老的寺庙、神秘的城堡，还有幽暗的古宅……无形中为故事蒙上了一层神秘的面纱。

但建筑向我们诉说的绝对不是神秘、恐怖、危险、诡异。它们是人类智慧的见证者，是人类发展史的记忆者，也是我们的生活“伙伴”。

跟随柯南他们一起破解难题，认识那些了不起的建筑吧！

登场人物

江户川柯南
真实身份是天才高中生侦探——工藤新一，擅长足球、滑板和推理。在被黑衣人灌下毒药APTX4869后身体缩小，变成一年级小学生的样子。工藤新一只好化名江户川柯南，寄宿在毛利兰家中。
阿笠博士
住在工藤新一隔壁的发明家，为工藤新一发明了许多实用的侦探装备。
毛利小五郎
毛利兰的父亲，私家侦探。在柯南的暗中帮助下，跻身名侦探行列，人称“沉睡的小五郎”。
横沟参悟
先后在埼玉县、静冈县任刑警，性格随和，自称毛利小五郎的头号弟子。

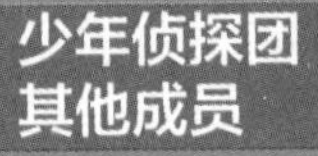

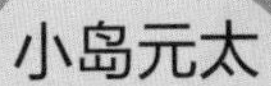

小岛元太

帝丹小学一年级学生，柯南的同班同学。食量超级大，最喜欢吃鳗鱼饭。

吉田步美

帝丹小学一年级学生，柯南的同班同学。好奇心旺盛，还是个爱哭鬼，很喜欢柯南。

圆谷光彦

帝丹小学一年级学生，柯南的同班同学。爱学习，爱思考，知识渊博。

灰原哀

曾是黑衣组织成员，毒药 APTX4869 的研发者。为脱离组织而服下毒药，变成小学生模样。

千叶和伸

东京警视厅搜查一科刑警，高木涉的同事。

高木涉

东京警视厅搜查一科刑警，目暮警官的部下。

铃木园子

铃木财团的二小姐。和工藤新一、毛利兰是同班同学，也是毛利兰的密友。

毛利兰

工藤新一青梅竹马的朋友，帝丹高中二年级学生，擅长空手道。

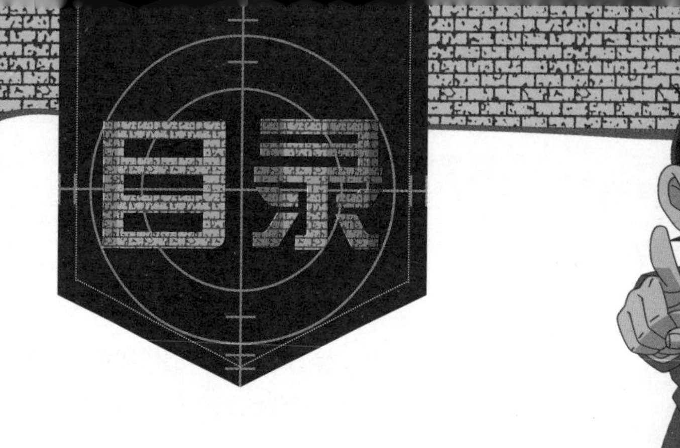

目录

侦探之眼

绳子之所以会有烧焦的痕迹，是因为经过了强烈的摩擦。

诡异的五重塔传说

生前夺得幻块寺所有权的小田英明，其尸体被发现垂吊在寺内五重塔的顶层。案发现场疑点重重，却都难以推翻他是死于自杀这一假设。这一切是诡异的传说应验了还是另有玄机呢？

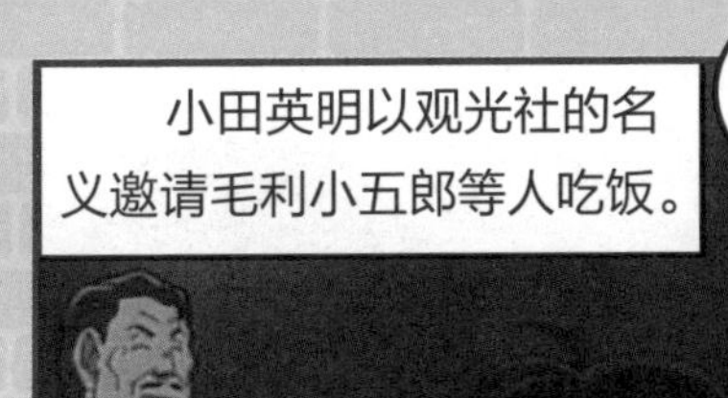

您领带上的别针镶着的是钻石啊！

这只是五克拉的小钻石而已。

我的收据呢？

在这里，不好意思。

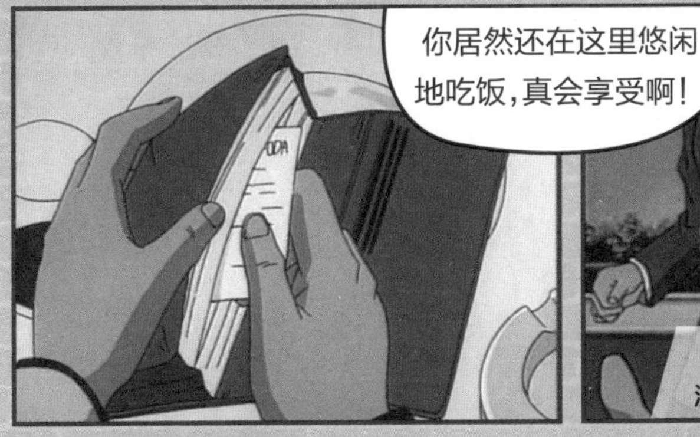

春海
淡海的儿子

是幻块寺住持的继承人啊。

抱歉，我在招待客人，有什么事明天再说。

你当初骗他说是为了筹集保全寺庙的经费，他才会答应你的。

第二天一早，毛利小五郎接到了冈部重吉的电话。
什么，寺庙出事了？

你们看那里！

小田先生！

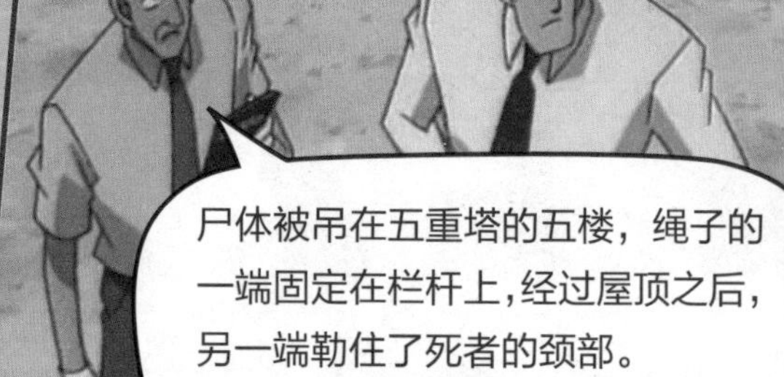
尸体被吊在五重塔的五楼，绳子的一端固定在栏杆上，经过屋顶之后，另一端勒住了死者的颈部。

死者是经营观光公司的小田英明先生。有一位侦探先生已经去确认他的死因了。

原来是毛利先生啊。从现场来看，这似乎是一起自杀案件。

虽然现场有点奇怪，但是应该没有他杀的可能。

柯南在案发现场找线索。
栏杆上怎么会有新的损坏痕迹？
明明是条新的绳子，怎么到处都脱线了？

怎么把他放下来啊？死者的脚够不到栏杆。
不会吧？如果是自杀，他的脚肯定能够到栏杆啊。
小朋友你怎么在这里？快点下去！

预估死亡时间在凌晨 3 点到 4 点之间。饭店那边也说他在凌晨 2 点 30 分左右经过了柜台。死者身上没有明显的外伤。

看来死者离开饭店之后就直接来到了案发现场。有没有发现遗书？
目前还没有发现。

社长！
嗒嗒嗒
梶村洋介
小田饭店经理

社长，怎么会这样……
你是谁？

我是小田饭店的经理梶村洋介。
你昨天晚上没有到这一带来吧？

是的，我到东京出差去了。
你知道小田先生有什么可能的自杀动机吗？

如果月底之前社长筹不到资金，我们公司就会因为开空头支票而信誉受损。社长应该为此非常困扰。

不对啊，昨天晚上他身上还带着一大堆现金呢！

那只是他虚张声势罢了。
昨晚因为寺庙的问题闹到要诉诸法律的地步，我想他一定是乱了方寸。

奇怪，小田叔叔的衣服没有换，钱包和领带上的别针却不见了。
这么说来，死者可能遇到了歹徒抢劫。
就现有状况来看，的确是除自杀以外别无可能，但我总觉得不对劲。
那凶手是用什么方法将死者运到五重塔顶端的呢？

手肘的部位
弄脏了。
是草的味道，
难道是他跌倒的
时候沾到的？
两只鞋子的
后跟部分都沾有
泥巴。
这根绳子有
多处烧焦的痕迹，
难道……
别针果然在这！这里才是真正的
案发现场。
小田先生根本不是
自杀，而是他杀。
重点是小田先生的
尸体是如何垂吊在
五重塔顶端的呢？
这是绑在栏杆上的
部分，凶手为什么要
绑铠甲结呢？
我懂了，最可
疑的谜团终于
被我解开了。
利用这个方法，
站在栏杆上就
能够到那根绳
子了。

如果我的推理正确的话，一定会在这里找到那样东西……
嗒嗒嗒
找到了！凶手就是利用那个方法，让小田先生看似死于自杀的。
井口还有摩擦过的痕迹。

凶手分明是想利用传说来迷惑警方。接下来得找到是他所为的证据才行。

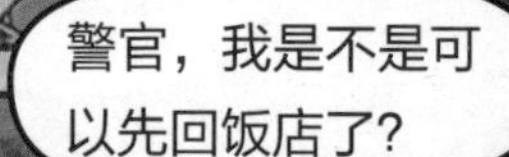
警官，我是不是可以先回饭店了?

可以，但请把你的联络方式给我。

梶村洋介拿名片的时候钱包不小心掉了下来。
啊!

这么多现金?
嗯?

谢谢你，小弟弟。

终于找到证据了，凶手就是他!

这应该就是一起自杀案件，可以结案了。我再回酒店睡个回笼觉。
那我们也撤退了。
嗖
横沟警官，我真是拿你没办法。这根本不是自杀案件，而是他杀。
我要重现案发现场，需要在场的各位警官来帮忙。
首先，将一个和小田先生体重相当的布袋平放在草地上。
用绳子将布袋的顶端绑好，再将这根绳子穿过五重塔的檐角。
接着，把绳子穿过栏杆并延伸到地上。
最后绑到古井上的这些铁板上。
注意要把这些铁板放到一根钢筋上，钢筋的一端再绑上一根绳子。

好了，横沟警官，你现在用力拉扯这根绑着钢筋的绳子看看。

扑通——
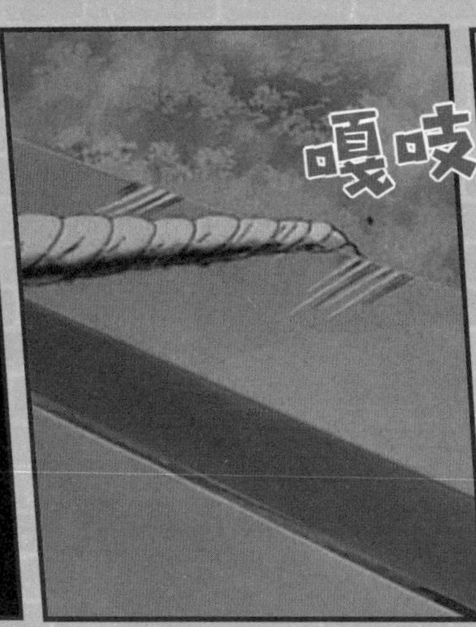
嘎吱——

布袋被拉到了五重塔的顶端。

这就是凶手的手法，绳子之所以会烧焦，是因为在屋檐的顶端经过了强烈的摩擦。

凶手昨晚先将小田先生约到这里，从后方将绳子套到他的脖子上。然后拉扯那根绳子，让铁板掉到古井里。
凶手很清楚小田先生会奋力挣脱脖子上的绳子，所以就在黑暗中踢了小田先生一脚，让他整个人躺下来。
小田先生的手肘就是在那时候沾上了草汁，领带上的别针也掉了。脚后跟也沾上了泥巴。

可是小田先生体重 100 公斤，凶手一个人要怎么把绳子切断然后固定在栏杆上呢？

一个人也能办到，因为凶手事先就将穿过栏杆部分的绳子打了一个铠甲结。

横沟警官，请你指示现在站在五重塔上的警官也在栏杆上打个铠甲结。

把铠甲结的圆环拉到栏杆内侧……

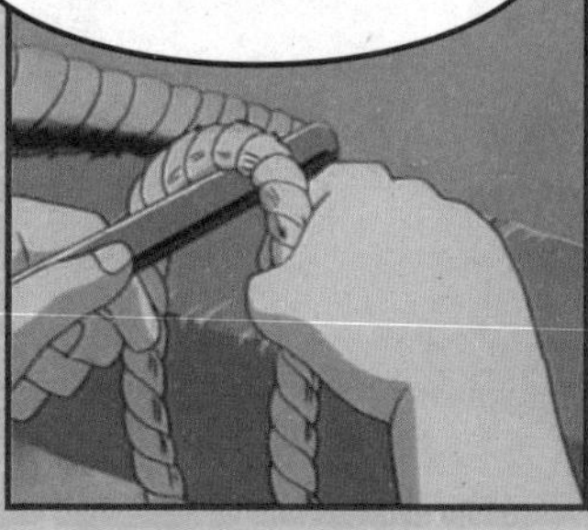
将一根棒子放到圆环中作为支撑。

然后把外侧的绳子切断，将切断的绳头穿过圆环打个结，再移走棒子，绳子就在栏杆上绑好了。

接着，只要在地面慢慢将切断的绳子拉下来，再扔进古井里就行了。利用这个手法将小田先生杀害的就是梶村先生！

你别胡说，我昨晚出差了，人根本不在这里。

那你怎么知道昨天晚上小田先生和春海师父发生了争执？

因为社长在我到达东京饭店的时候，和我联络过。

不，你是在这个庙里知道这件事的。
横沟警官，你检查一下梶村先生的钱包就知道了。

毛利先生，你说的证据是什么？
有一张小田饭店的收据夹在钞票里。
小田饭店
9月12日19点40分，买的雪茄，对吧？

对，这是昨天晚上小田先生在和我们聚餐中途拿到的收据。
那些钱恐怕是你在杀害小田先生后据为己有的。

你在那之前就离开了，如果后来没有和小田先生见过面，这张收据怎么会在你的钱包里出现？
只要把夹在中间的收据拿去化验，就能验出小田先生的指纹。

没想到，这件事会败在一张收据上……

你的杀人动机是什么？
社长指示我帮公司逃漏税，后来却要我负全责……

阿笠博士科学馆

伟大的建筑

欢迎来到"阿笠博士科学馆"，我是发明家阿笠博士。

世界上有很多令人惊奇的建筑，尤其是在科技不发达的古代，人们运用无与伦比的智慧，建造了很多至今都令人叹为观止的建筑。一起去看看吧！

长城

长城是世界上最伟大的建筑之一。自西周开始，各朝各代连续不断地修筑了2000多年。据历史文献记载，若把各个时代修筑的长城加起来，有50000千米以上；而根据国家文物局2012年宣布的调查结果，历代长城的总长度为21196.18千米。因此长城也被誉为"世界中古七大奇迹"之一。

长城的作用主要是抵御外敌入侵，因此长城不只是单纯的城墙，还包括敌楼、关城、墩堡等防御工事。

八重抵御

1 长城绵延两万余千米，阻断外来入侵者。

2 长城每隔一段距离就有一座瞭望塔，时刻监视入侵者。

3 在弓箭射程内建瞭望塔，弓箭手们能防范一切入侵者。

4 瞭望塔间的主城墙挖有墙基。

5 城墙的主体部分用泥土和沙石建造，外面用岩石和灰泥浆再砌一层。

6 城墙足够宽，军情紧急时，可以让 5 名骑兵并列通过，第一时间赶到出事地点。

7 西北面的城墙上，建有约 2 米高的垛口墙，两堵垛口墙间有一段间隔，士兵可以在这里射箭、投石。

8 看守城墙的守卫部队可以利用烽火互相联络，传递军情。

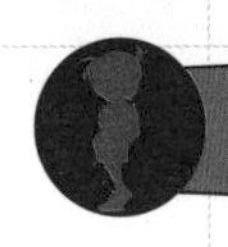

罗马斗兽场

罗马式建筑在欧洲是一种十分流行的建筑，其最显著的特点是多采用拱券结构。这种结构可以使建筑获得宽敞的内部空间。

罗马斗兽场就采用了拱券结构，该建筑一共四层，下面三层分别有 80 个圆拱。场内看台可容纳 9 万多人。

建筑小档案

- 名称：罗马斗兽场
- 建造时间：公元 72–80 年间
- 位置：位于意大利首都罗马市中心
- 形状：从外观看，它呈正圆形；俯瞰时，它呈椭圆形
- 用途：罗马斗兽场是专供古罗马帝国奴隶主、贵族、自由民观看斗兽和奴隶决斗的场所

罗马斗兽场和中国的长城一样，是“世界中古七大奇迹”之一，是人类建筑史上的艺术瑰宝。

难倒阿笠博士

 罗马斗兽场是用什么材料建造的？

 罗马斗兽场是用一种混合材料建造的。

 这种混合材料是怎么制成的？

 古罗马人将火山石、燃烧过的石灰石、沙子、石块、水混合在一起，然后倒入磨具中，凝固即成。

罗马斗兽场的结构

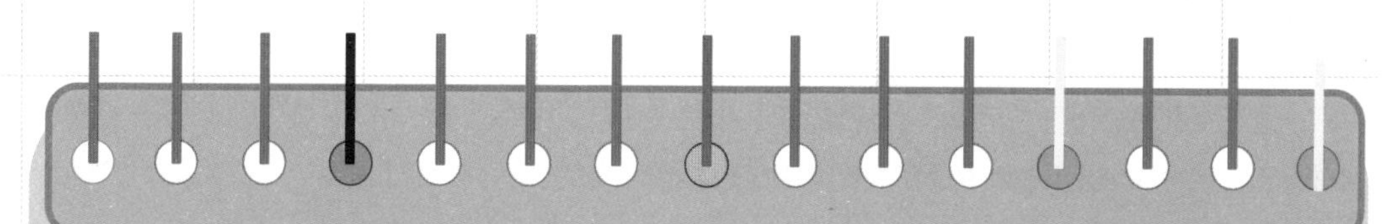

编号入口

一共有80个入口，其中76个有编号，人们对照门票上的入口和座位编号，能快速进出。

死亡之门

死者和垂死的人都从这里运出去。

竞技台

这里是竞技场所。竞技的双方有时是人和野兽，有时是人和人。

地下设施

分隔栏和走廊是野兽和角斗士的容身之处。

遮阳顶

帆布大棚，能够遮风挡雨。

等级座位

座位离竞技台越远，票价越便宜。

拱门

拱门能够确保建筑更加牢固。

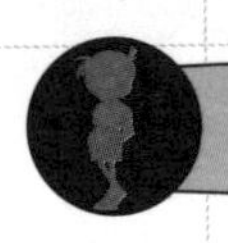

帕特农神庙

大约 2500 年前，古希腊人建成了迄今为止世界上最著名、最辉煌的神庙——帕特农神庙。现今的神庙遗迹是 19 世纪屡次修复后而成的。

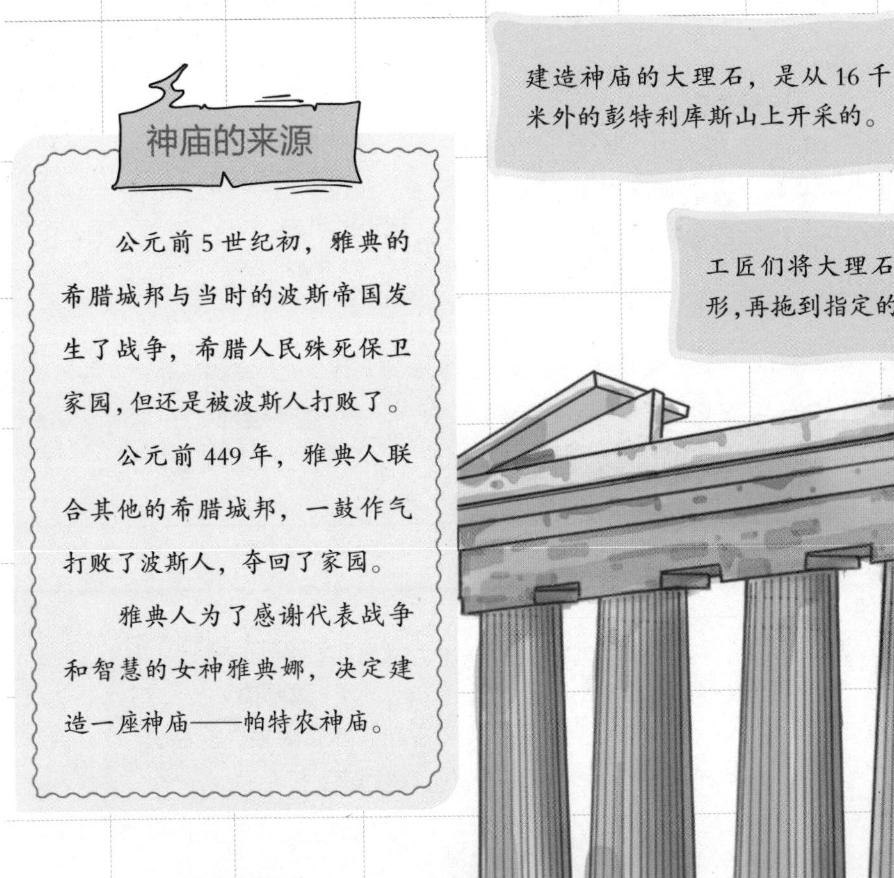

建造神庙的大理石，是从 16 千米外的彭特利库斯山上开采的。

神庙的来源

公元前 5 世纪初，雅典的希腊城邦与当时的波斯帝国发生了战争，希腊人民殊死保卫家园，但还是被波斯人打败了。

公元前 449 年，雅典人联合其他的希腊城邦，一鼓作气打败了波斯人，夺回了家园。

雅典人为了感谢代表战争和智慧的女神雅典娜，决定建造一座神庙——帕特农神庙。

工匠们将大理石切成方形，再拖到指定的地方。

建造时间：公元前 447 年至公元前 432 年
材质：质地坚硬的大理石

古希腊的建筑师，不仅仅是建筑的设计者，也是出色的艺术家。帕特农神庙独特精美，就连柱子也别具特色。

以下是古典建筑的三种柱式，都源于古希腊。帕特农神庙兼有多立克柱式与爱奥尼柱式建筑特色。

金字塔

提到埃及，我们一定会想到金字塔。迄今为止，埃及发现金字塔约 110 座，其中最著名的是胡夫金字塔。

胡夫金字塔是“世界七大奇迹”之一，以其神秘、宏大而吸引着人们的目光。

1

金字塔是埃及法老的陵墓。

3

胡夫金字塔大约由230万块石块砌成。

2

金字塔从四面看都呈等腰三角形，很像汉语中的“金”字，因此翻译成金字塔。

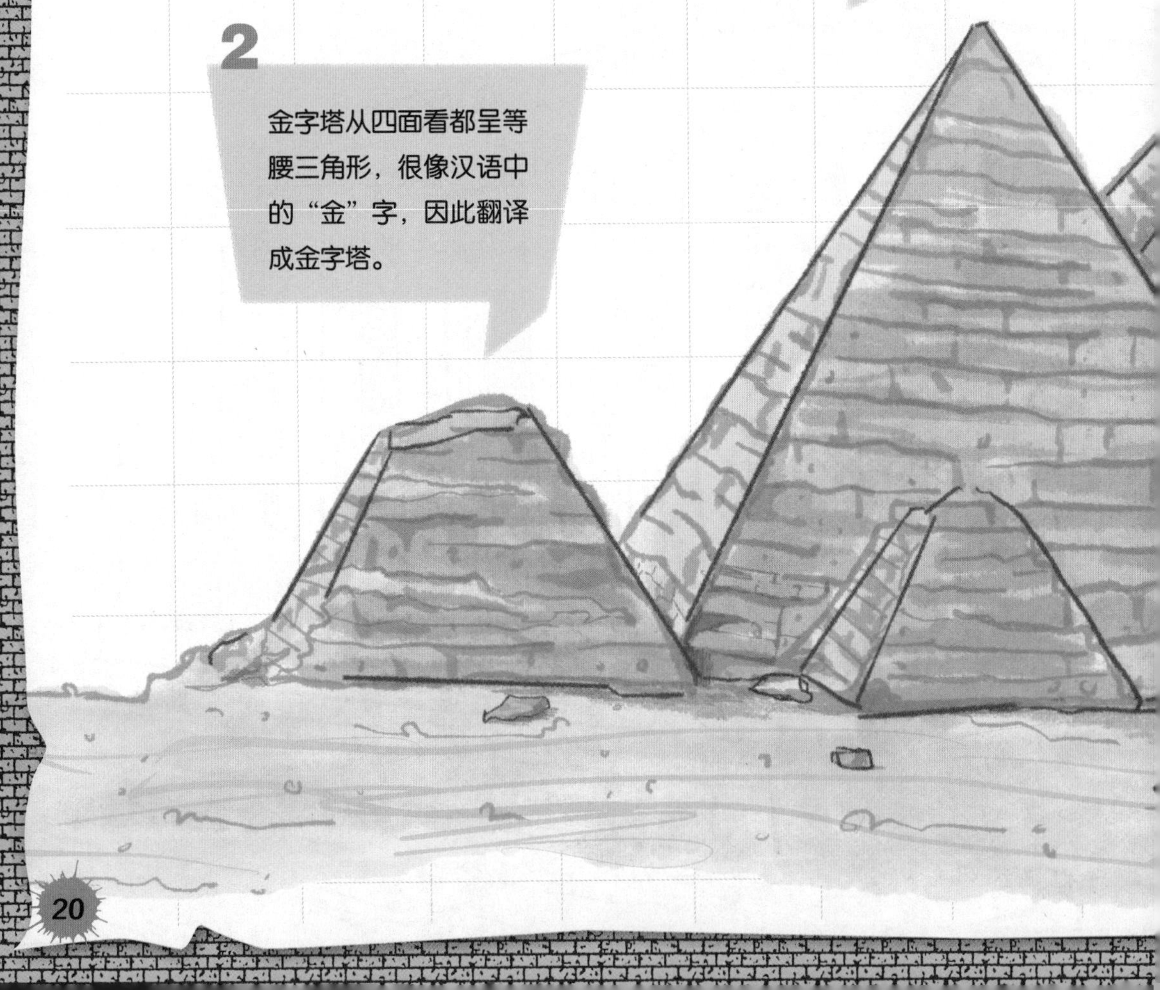

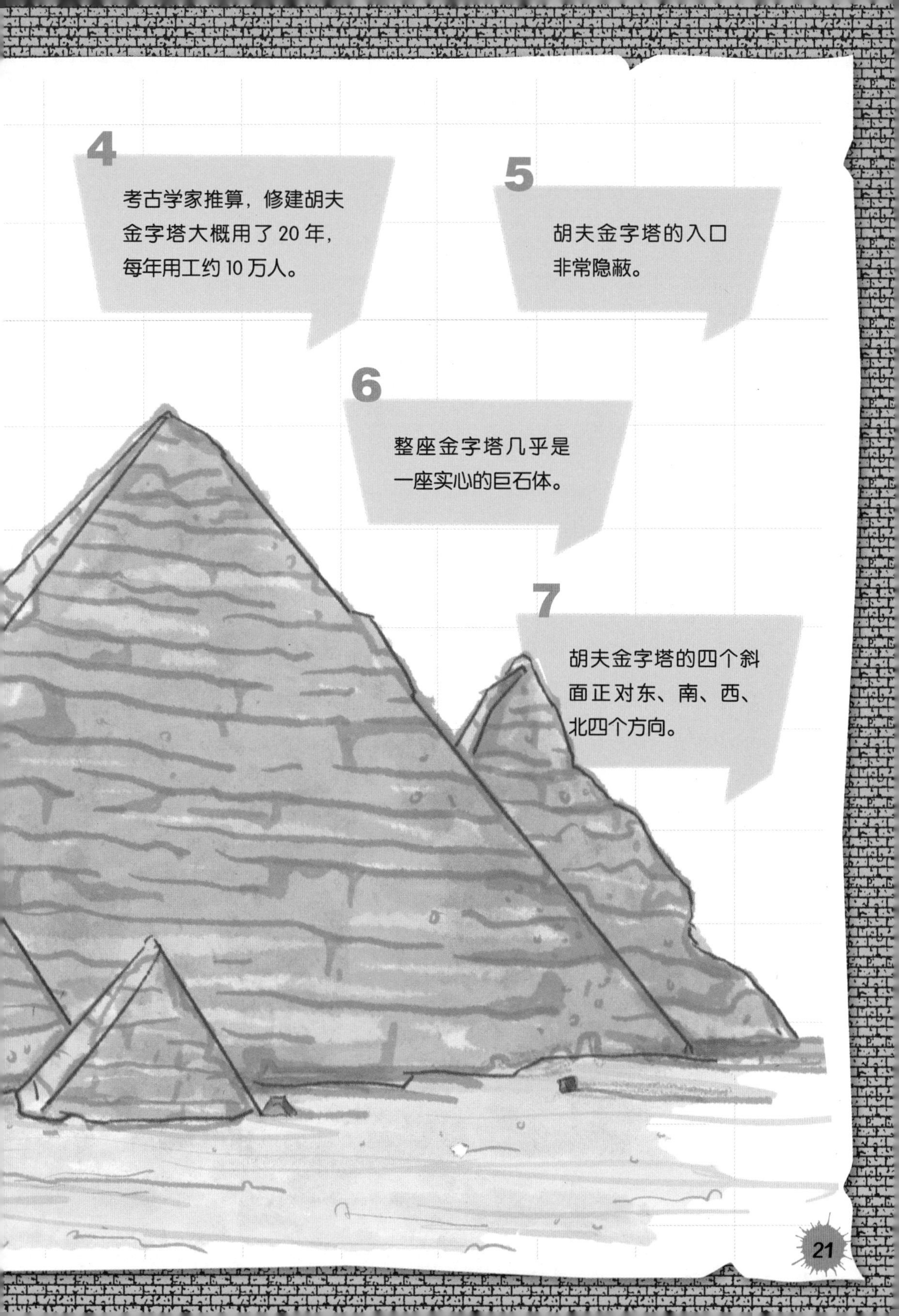
4
考古学家推算，修建胡夫
金字塔大概用了 20 年，
每年用工约 10 万人。
5
胡夫金字塔的入口
非常隐蔽。
6
整座金字塔几乎是
一座实心的巨石体。
7
胡夫金字塔的四个斜
面正对东、南、西、
北四个方向。

秦始皇陵

古埃及的最高统治者修建金字塔作为陵墓，中国古代的皇帝也会为自己修建陵寝，如秦始皇为自己修建的秦始皇陵。

不仅如此，他还为死后的自己建造了一支庞大的军队——兵马俑。

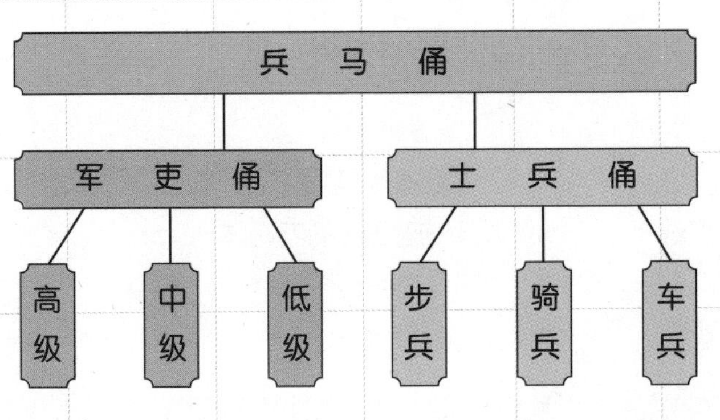

车兵俑

战车上除驾车者之外的士兵。一般战车上有两名军士，分别为车左俑和车右俑。车左俑左手持兵器，右手作按车状；车右俑右手持兵器，左手作按车状。

立射俑

他们的武器为弓弩，与跪射俑一起组成弩兵军阵。

武士俑

武士俑是普通士兵。从服装看，分为战袍武士和铠甲武士。

跪射俑

他们所持武器为弓弩，与立射俑一起组成弩兵军阵。

高级军吏俑

高级军吏俑俗称将军俑，分为战袍将军俑和铠甲将军俑两类。

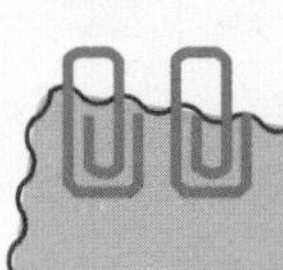

骑兵俑

骑兵俑一手牵马，一手持弓，多用于战时奇袭。

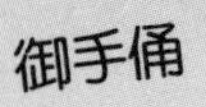

御手俑

御手俑是驾车者。

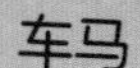

车马

每乘战车前都驾有四匹陶马。它们的大小和真马相似。

鞍马

鞍马是供骑兵和车兵使用的马。

制作兵马俑

和泥。

分别制作躯干和四肢，然后雕刻面部。

将各个部分组装起来。

入窑焙烧，最后进行彩绘着色。

侦探入门测试 1

想成为一名洞察世事的优秀侦探，你首先要有足够的知识储备。用知识武装头脑，用科学解开谜题。

小朋友，你知道左侧这些兵马俑分别属于什么兵种，在战争中发挥什么样的作用吗？请将左侧的兵马俑和其对应的解释连在一起吧。

1 立射俑
2 武士俑
3 高级军吏俑
4 车右俑
5 骑兵俑
6 跪射俑
7 御手俑
8 车左俑

a 战车上除驾车者之外的士兵，右手持兵器，左手作按车状。
b 所持武器为弓弩，与立射俑一起组成弩兵军阵。
c 普通士兵，从服装看，分为战袍武士和铠甲武士。
d 驾驶战车的人。
e 俗称将军俑，分为战袍将军俑和铠甲将军俑两类。
f 所持武器为弓弩，与跪射俑一起组成弩兵军阵。
g 战车上除驾车者之外的士兵，左手持兵器，右手作按车状。
h 一手牵马，一手持弓，多用于战时奇袭。

填对每空得 2.5 分，答错不得分。

得分合计：________

蓝色古堡探索事件

侦探之眼

国际象棋通常利用
字母 A 到 H
和数字 1 到 8
来显示坐标。

蓝色古堡探索事件

4年前的火灾，尚未解开的谜团，院子里的国际象棋暗号，都预示着蓝色古堡绝不简单。阿笠博士和少年侦探团在探索古堡的过程中，还发现了一个骇人听闻的秘密。

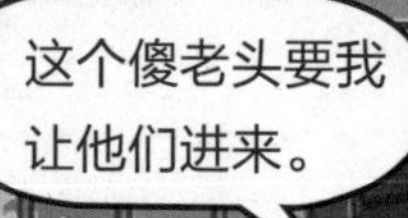

这里有谁喜欢国际象棋吗?
我们大老爷喜欢，过去的贞昭老爷吩咐我把这里的样子保持下去。

过去的贞昭老爷?那刚才那位是……
他是太太的再婚丈夫阿满老爷。贞昭老爷6年前就病逝了。

太太也在4年前死于一场大火。那座烧焦的石塔就是太太以前的卧室。

那年死了十几个人，只有新来的用人、大太太和阿满老爷幸存了下来。

那边的贵人少爷，他是太太和贞昭老爷的独生子。

你看，贵人少爷和他外公长得几乎一模一样。

间宫家的大老爷

这是贞昭老爷，他对同样是历史学者的大老爷十分尊敬。
间宫家的前女婿

间宫增代
间宫家的大太太
我女儿经常说她爸爸是个满嘴歪理的知识分子，不过她爸爸听了还挺开心的。

抱歉，大太太，我不该让您回忆起往事的。
没关系，我早就习惯了。

就像纸钞图案和护照大小的改变一样，终究会习惯的。

这几位是谁啊?
他们是阿满老爷的朋友，这位还是个科学家。

那真是太好了！我要请你帮我解开我先生在城堡里埋下的谜团。

谜团?
大老爷临死前说，只要有人解开“城堡之谜”，就把宝藏给他。

国际象棋……
叔叔，有没有可以看清楚院子里那些国际象棋的房间啊?

这两个房间的窗户都靠着墙壁。那中间的空间去哪了？

?

我以前也遇到过这样的密道，只要把指针转动到某个时间……

柯南启动机关后掉入了密室。

我们才一转头的工夫，柯南就不见了。

柯南不见了？

晚餐时间到了。
我们准备了晚餐，一起去吃吧。柯南他饿了就会自己出来的。

我要在房间里吃晚餐，我女儿一到就带她过来找我。

外婆还是这样，总以为我妈还活着。
也难怪她记性不好，因为脚痛，她一直被困在这座城堡里。

对了，谜团解开了吗？

如果说谁能解开它，就只有那位消失了的解谜爱好者吧。

那个戴眼镜的男孩到哪去了？
刚才就不见了，我打算吃完饭再仔细找找他。

这座城堡里有很多机关，他一定是迷路了。我们分头去找找他。

城堡里面也没有任何发现。
好像没在院子里。

他不会到那座塔里去了吧?
我刚才到塔的入口看过，那里的锁没有被动过。

雨下得越来越大了。
还是明天请警方过来搜查比较好，我们先进去吧。

柯南很可能被城堡里的哪个人抓了，我们现在要避免引起注意，和警方取得联系。

阿笠博士去给警方打电话。
嗯?

是柯南的帽子!
嘎吱——

这是哪里啊?

咔嚓!
阿笠博士被袭击。

灰原哀发现了血迹。

这血应该流了没多久，很有可能是柯南的。

那个人现在取代
我，想要抢本城
堡的

灰原哀等人不小心触碰到机关，从密道里摔了出来，小岛元太还留在密道中。
啊！

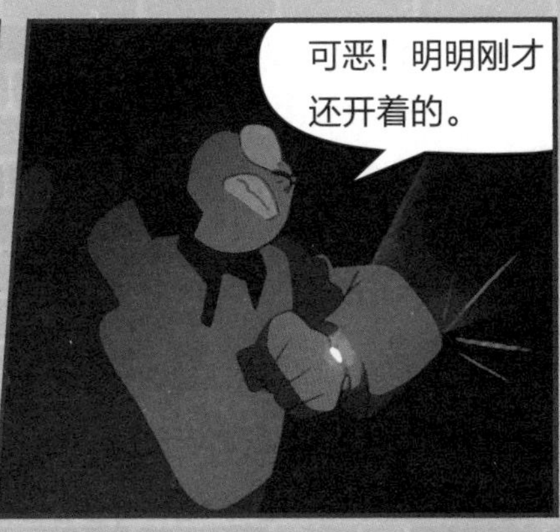
可恶！明明刚才还开着的。

这扇门打不开了！
我们只有从一开始的入口进去，再和元太会合了。

奇怪，这扇门好像也被锁上了。
这就表示，刚才有人在后面跟着我们。我们现在只能找找看有没有别的入口了。

那是？

是柯南的眼镜。

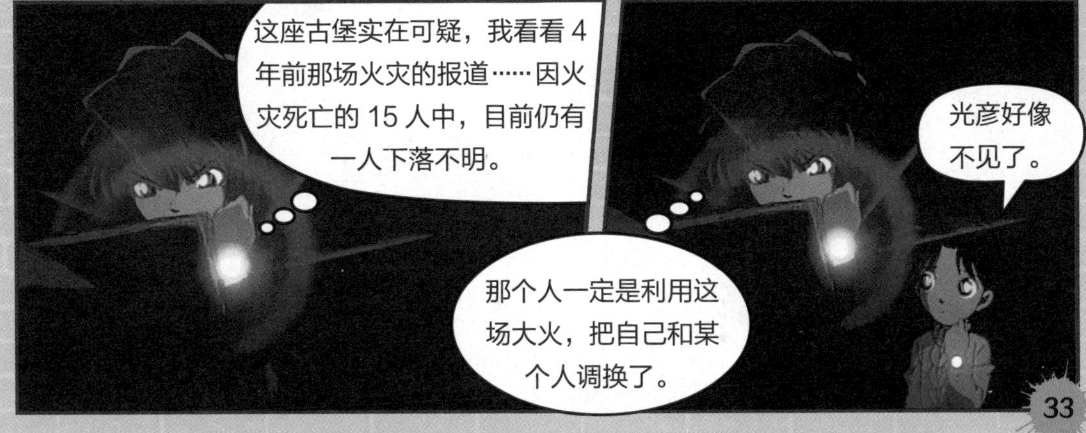
这座古堡实在可疑，我看看 4 年前那场火灾的报道……因火灾死亡的 15 人中，目前仍有一人下落不明。
那个人一定是利用这场大火，把自己和某个人调换了。
光彦好像不见了。

奇怪，失过火的那座塔的入口，明明已经封闭了。
他不会进那扇门了吧？
光彦……
这可能是个陷阱。我先进去看看，你就在草丛里面躲起来。
我不能一个人逃走……
灰原同学，你在哪里？灰原同学……
吉田步美在房间里找灰原哀，忽然门上响起了沉重的敲门声。
咣咣！
这不是灰原同学。
灰原哀把吉田步美拉到身边藏了起来。
那个人已经走了。
好了，我们现在去找大家。
灰原哀她们发现了一具尸体。
从头发来看应该是个女人。牙齿也掉光了。
这个应该就是在阶梯上刻字的人了。
是骷髅！
脚骨和其他部位的骨头相比特别细，难道……

两位小妹妹，你们怎么了？
大太太忽然出现了，灰原哀带着吉田步美赶紧往外跑。
那个死者才是真正的大太太，刚才那个是取代了她的杀人凶手。
嗒嗒嗒——
她整形成大太太的样子，在失火那天杀了大太太，将尸骨藏在密道。
但她无法骗过大太太的女儿，所以就放火杀人了。只要知道了这条密道，就可以在放火之后逃出去。
凶手的目的恐怕就是这个城堡的宝藏。
假的大太太追了上来。
啊！
你说得没错。
既然你们要自作聪明追究这件事……
啪！

是柯南他们！

是光彦找到了我们。

你就是把自己整容成大太太，在火灾后下落不明的前女管家西川睦美。

没想到，你竟然会不惜好几次去国外来维持你这张脸。这十年来从来没有出过城堡的大太太，是绝对不可能注意到护照大小的改变的。

哼，我对这个地下通道非常熟悉，你们是抓不到我的。

难道你把院子里国际象棋的暗号解开了吗？

对，国际象棋通常利用字母 A 到 H 和数字 1 到 8 来显示坐标。

所以从骑士的方向来看整个棋盘才是最正确的方位。

将白色棋子按顺序拼起来就是 EGG HEAD，指的是满嘴歪理的知识分子。

只要按照黑色棋子的指示将大老爷的肖像画向右旋转，秘密通道就会出现。

一个小时后，警方将这个失魂落魄的凶手带走了。

阿笠博士科学馆

欢迎来到“阿笠博士科学馆”，我是发明家阿笠博士。

童话故事里的王子和公主都住在城堡中。小朋友，你去过城堡吗？如果没去过也不要紧，现在，我们就一起去领略城堡的魅力。

城堡的发展

城堡兴起于欧洲中世纪，是一种防御性建筑，领主们修建城堡主要是为了保护自己的领地。不同时期的城堡有着不同的特点。

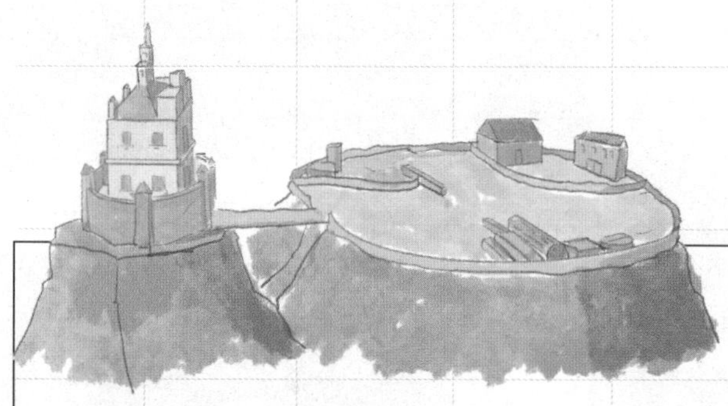

修建地点：平顶小山丘或丛林草原上

早期的城堡

公元 10 世纪，欧洲的城堡多为木制的塔楼，周围环绕着木篱笆。城堡前有一条通道，通向一个叫堡场的大场地，它是城堡的经济和军事活动中心。

真正意义的城堡

到了 11 世纪，人们开始用石头建造城堡，既结实，又能防火。13 世纪，主楼和塔楼的建造规模更加巨大，周围建有坚固的石头防护墙，防护墙上带有高大的城门。这就是真正意义上的城堡，且大多得到了较好的保存。

城堡不仅是一座堡垒，还是领主及其家人的住所。因此，城堡内的设施完善，就像一个微缩的城市。

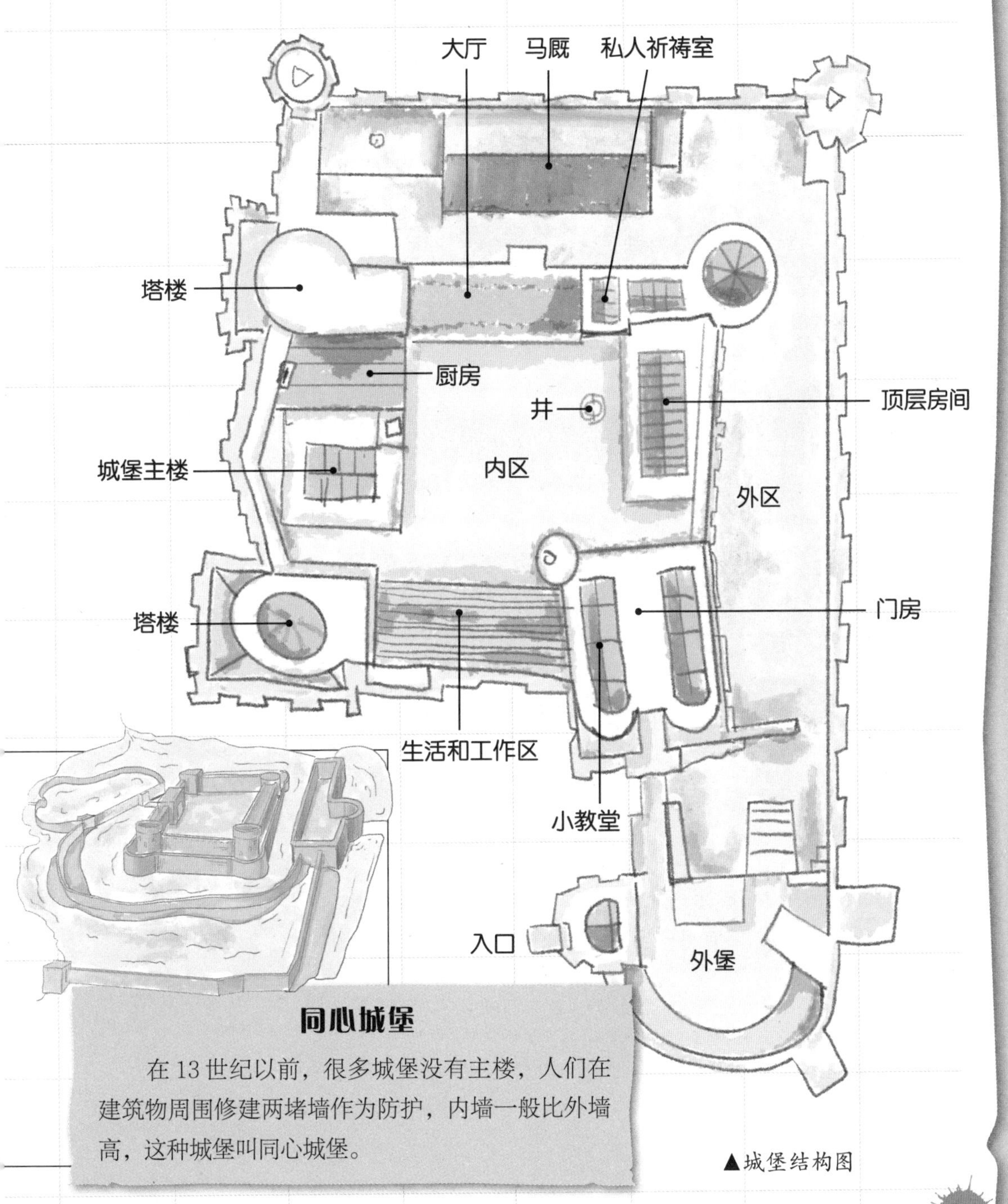

同心城堡

在 13 世纪以前，很多城堡没有主楼，人们在建筑物周围修建两堵墙作为防护，内墙一般比外墙高，这种城堡叫同心城堡。

▲城堡结构图

城堡中的居民

一座城堡就如一个小小的国家，人们各司其职，过着自给自足的生活。

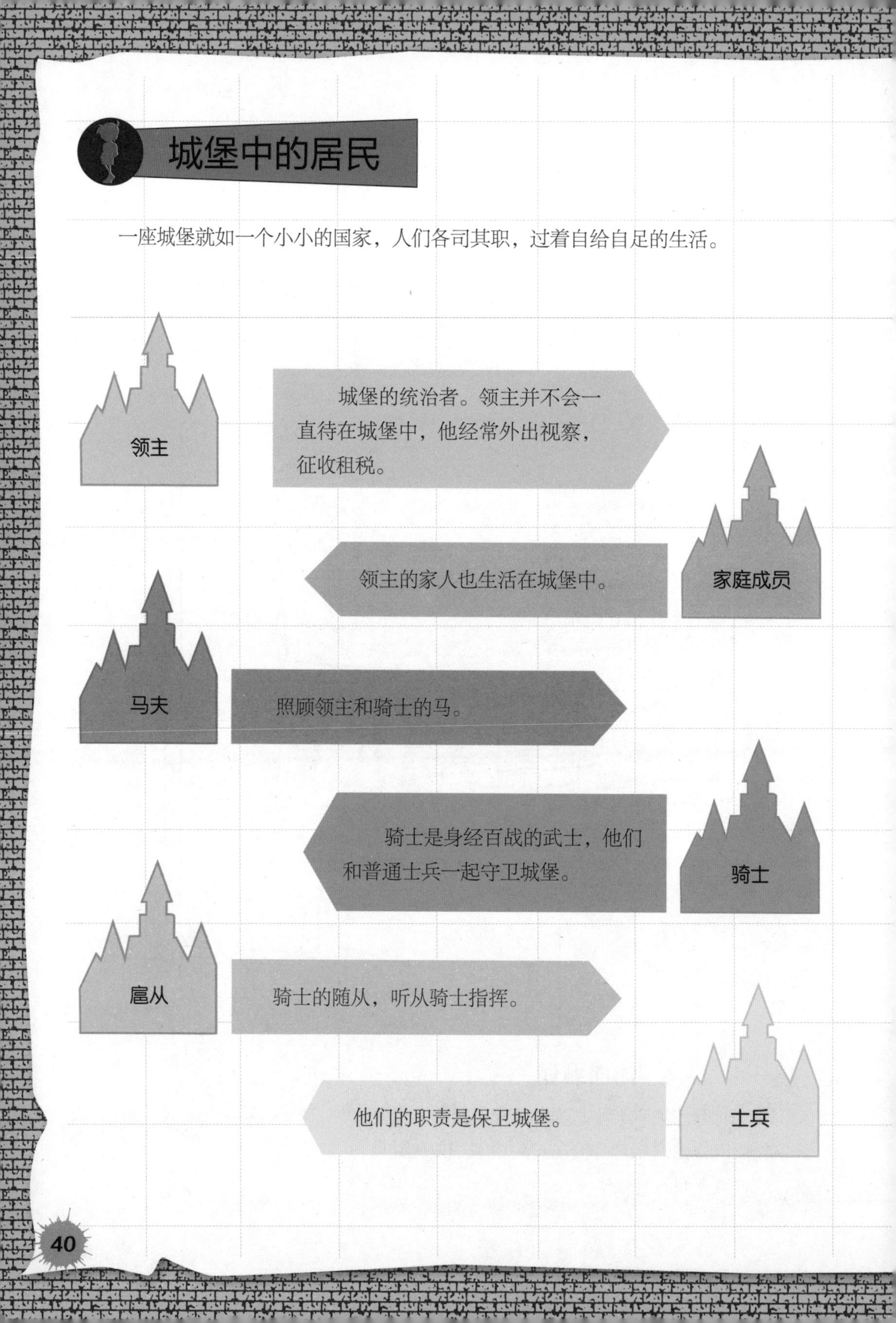

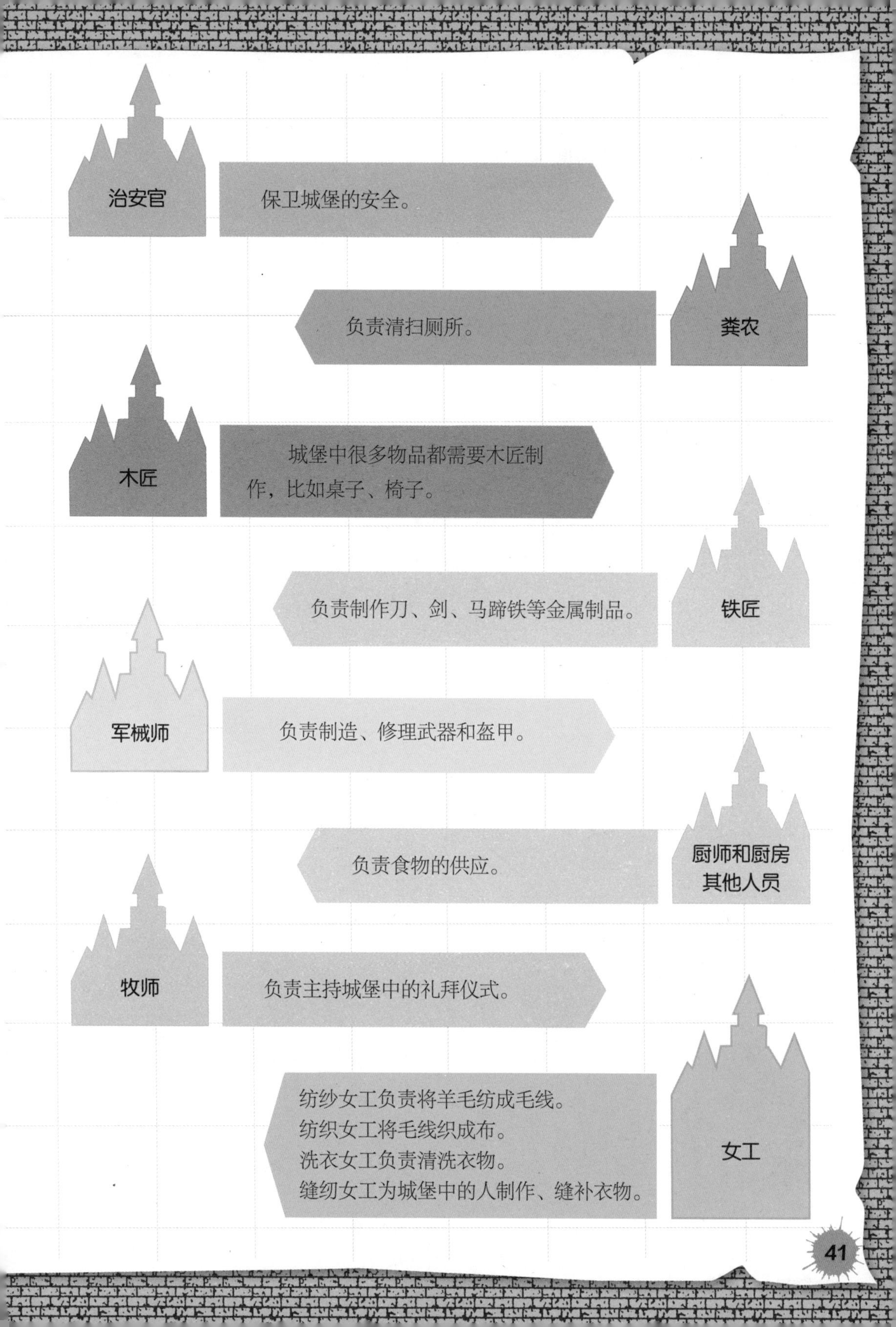
治安官
保卫城堡的安全。
粪农
负责清扫厕所。
木匠
城堡中很多物品都需要木匠制作，比如桌子、椅子。
铁匠
负责制作刀、剑、马蹄铁等金属制品。
军械师
负责制造、修理武器和盔甲。
厨师和厨房其他人员
负责食物的供应。
牧师
负责主持城堡中的礼拜仪式。
女工
纺纱女工负责将羊毛纺成毛线。
纺织女工将毛线织成布。
洗衣女工负责清洗衣物。
缝纫女工为城堡中的人制作、缝补衣物。

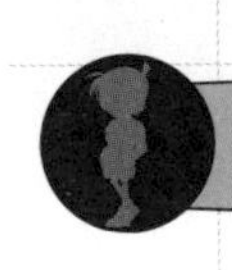

建造一座城堡

早期城堡是用木材和土建造的，一般 8 天左右就能建造完成。而建造一座巨大的石头城堡，则需要很长的时间，而且耗资巨大。

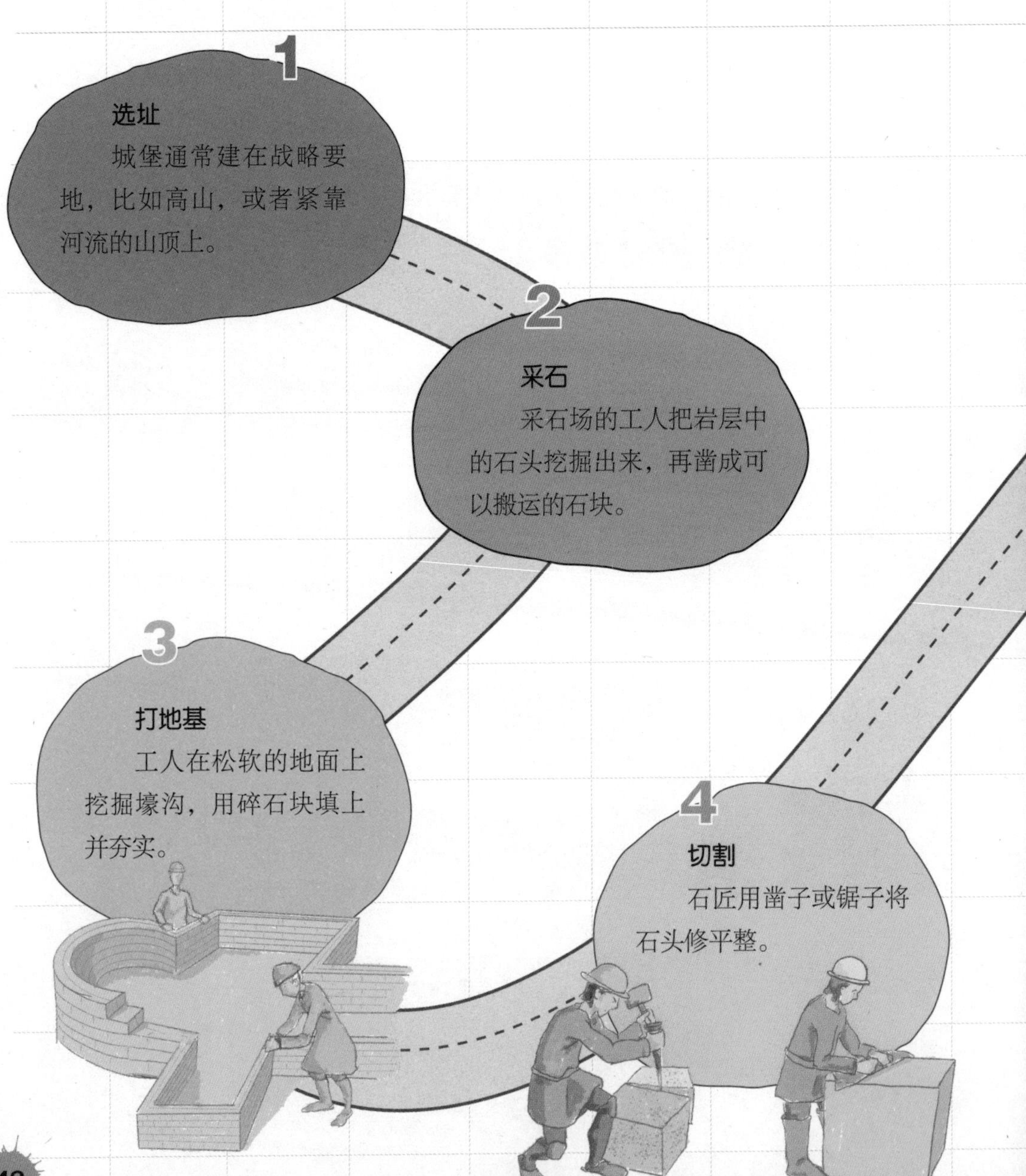

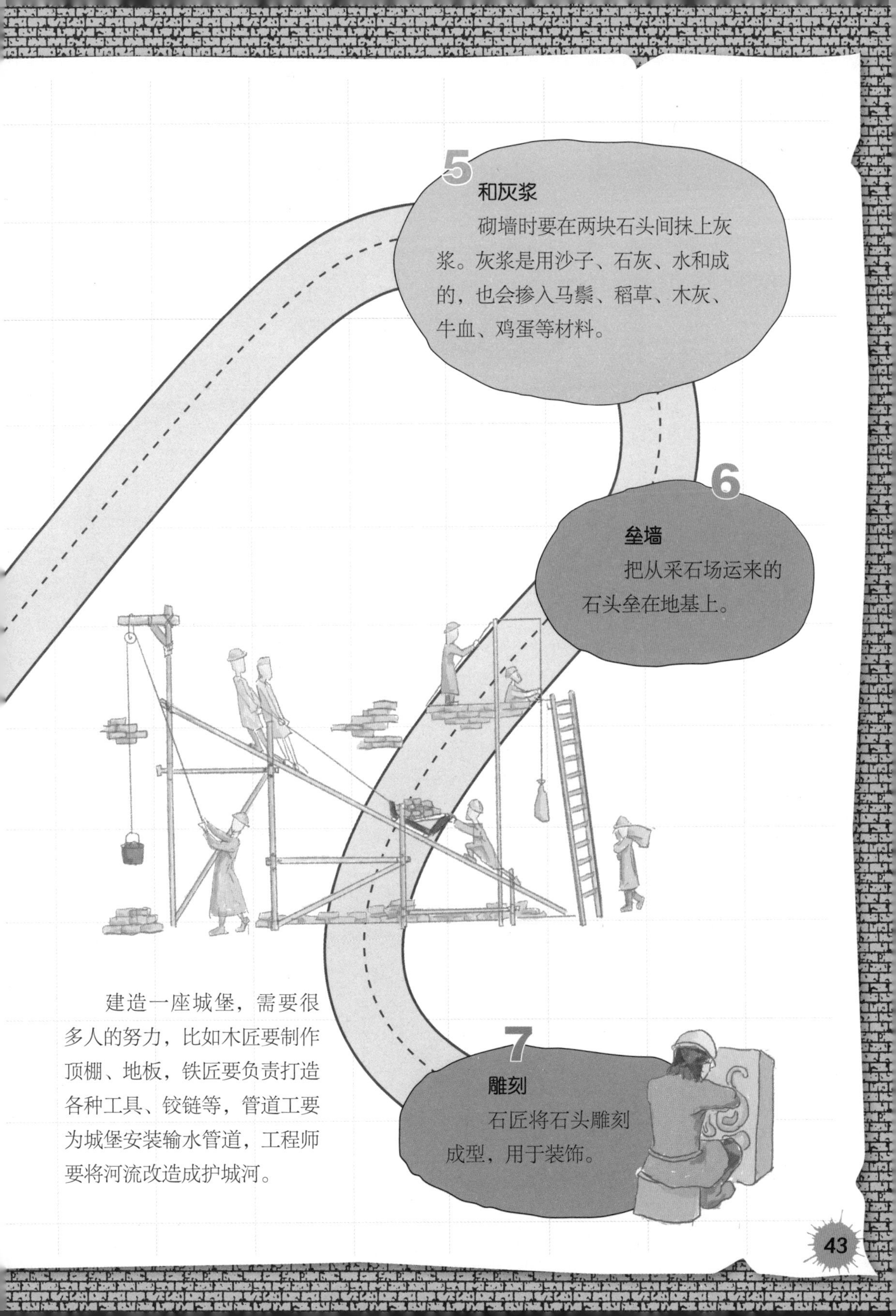

建造一座城堡，需要很多人的努力，比如木匠要制作顶棚、地板，铁匠要负责打造各种工具、铰链等，管道工要为城堡安装输水管道，工程师要将河流改造成护城河。

骑士堡

骑士堡是中世纪的一座超级堡垒，是历史上著名的十字军城堡之一，位于现在的叙利亚境内。

城堡演变

1099 年

第一次十字军东征时期，城堡被图卢兹的雷蒙德四世占领。

1110 年

城堡被黎波里公爵雷蒙德二世重新占领。

1142 年

雷蒙德二世将它转交给医院骑士团。

接下来的几十年里，医院骑士团对它进行了翻修和扩建：修建护卫塔，增加内外城墙、护城河，城堡内部新建会议室、教堂等建筑。

骑士堡的作用主要用于防御，有历史学家称它是最完美、最精巧的防御建筑。

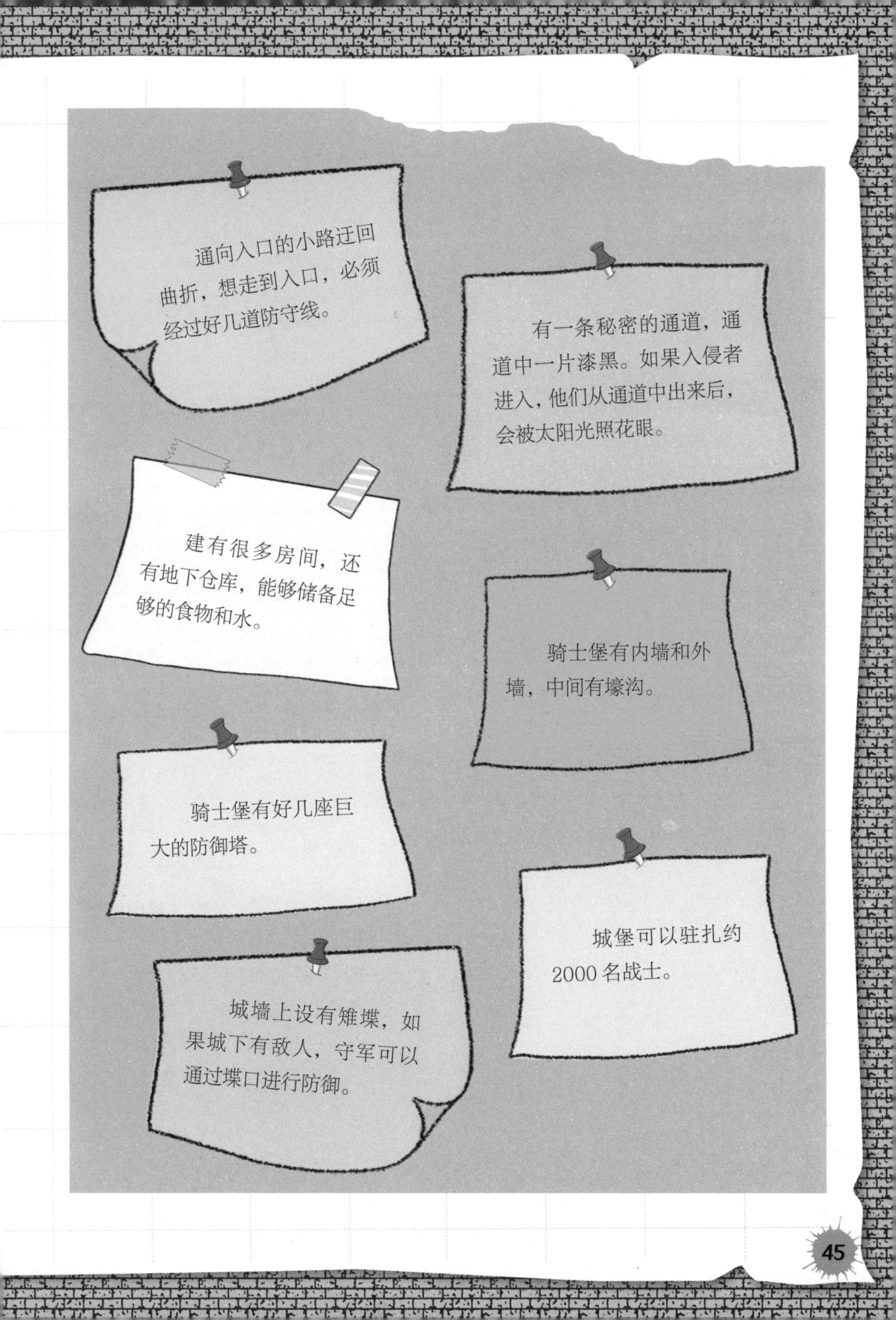
通向入口的小路迂回曲折，想走到入口，必须经过好几道防守线。
有一条秘密的通道，通道中一片漆黑。如果入侵者进入，他们从通道中出来后，会被太阳光照花眼。
建有很多房间，还有地下仓库，能够储备足够的食物和水。
骑士堡有内墙和外墙，中间有壕沟。
骑士堡有好几座巨大的防御塔。
城堡可以驻扎约2000名战士。
城墙上设有雉堞，如果城下有敌人，守军可以通过堞口进行防御。

著名的城堡

雅典卫城

地　　点：雅典市中心的卫城山丘上
建造时间：公元前 5 世纪

雅典卫城是希腊最杰出的古建筑群，是古希腊建筑的代表作。

温莎古堡

地　　点：英国温莎镇
建造时间：1070 年

温莎古堡是现今世界上有人居住的城堡之一。

卡尔卡松城堡

地　　点：法国南部
建造时间：最早可追溯至罗马高卢时期

欧洲最古老的城堡之一，有着超过 2000 年的历史。

圣米歇尔山城堡

地　　点：法国诺曼底附近
建造时间：8 世纪

圣米歇尔山城堡是著名的天主教朝圣地。

姬路城

地　　点：日本

建造时间：始建于14世纪，17世纪初建成

这座城堡结构严密，是日本古代城堡防御建筑的代表。

布拉格城堡

地　　点：捷克

建造时间：始建于9世纪

布拉格城堡是世界上最大的古城堡之一，经过多次改建、装饰、完善，集中了各个时代的风格的建筑，有罗马式建筑、哥特式建筑、巴洛克式建筑，以及文艺复兴时期建筑。

爱丁堡城堡

地　　点：苏格兰

建造时间：6世纪

爱丁堡城堡是一座古老的城堡，在6世纪成为苏格兰皇室的堡垒，一度成为苏格兰政治、文化的中心。

利兹城堡

地　　点：英格兰

建造时间：9世纪

13世纪，利兹城堡成为皇家别墅。当时，历任新任国王都会把它赠送给王后。

海德堡城堡

地　　点：德国

建造时间：13世纪

海德堡城堡历时300多年才完工，曾经是欧洲最大的城堡之一。

侦探入门测试 2

想成为一名洞察世事的优秀侦探，你首先要有足够的知识储备。用知识武装头脑，用科学解开谜题。

关于城堡的知识，你记住了多少？考考你，下面这些说法正确吗？

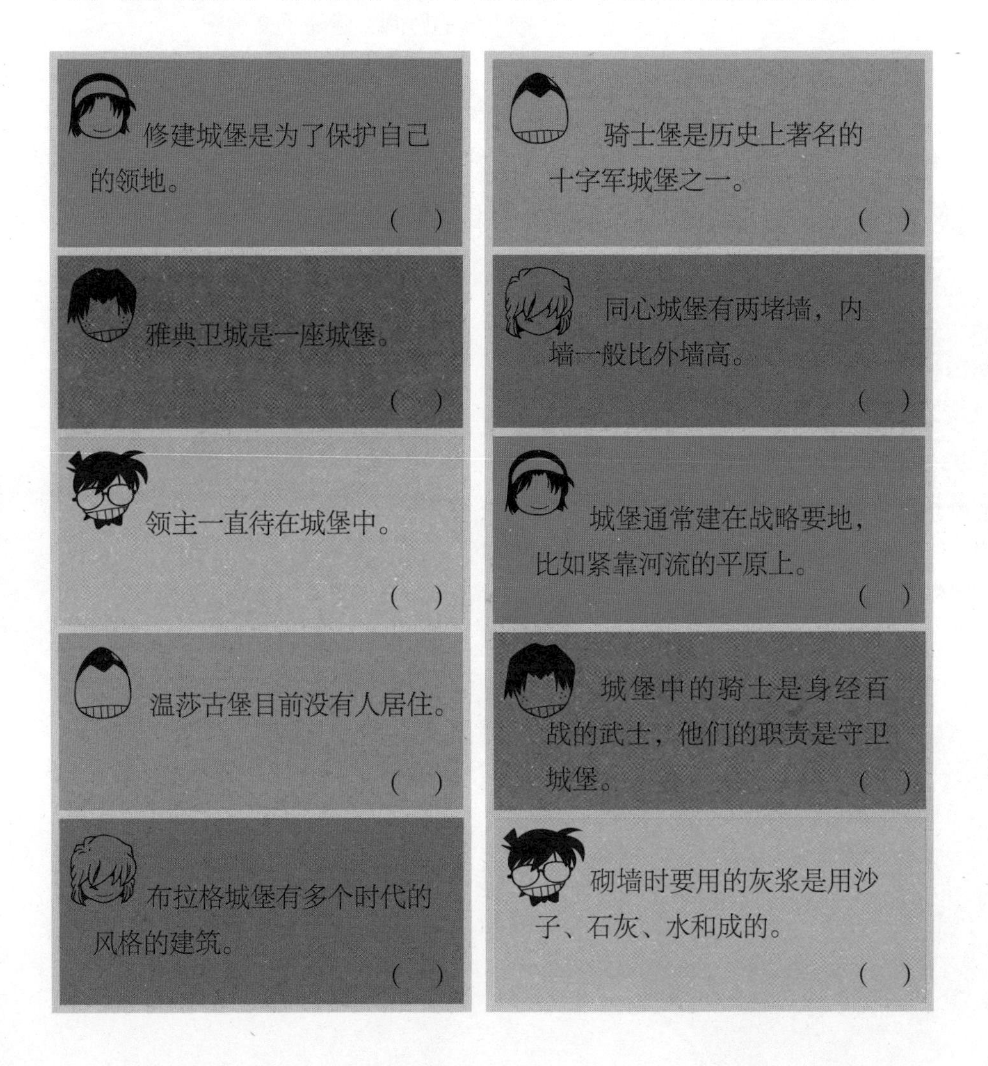

填对每空得 2 分，答错不得分。

得分合计：________

豪斯登堡的
新娘
侦探之眼
在日语中，
滝夫人的“滝”字
是瀑布的意思。

豪斯登堡的新娘

一对新人在豪斯登堡举行的婚礼即将开始，新娘的戒指却意外丢失了，之后就连新娘也疑似被绑架。这接二连三的风波究竟是怎么回事？这场婚礼又会有怎样的结局呢？

铃木园子、毛利兰、柯南三个人来到玻璃博物馆。他们在这里遇到了高桥纯一。
阿妙婆婆和美华小姐也在。
阿妙婆婆对古典玻璃工艺最感兴趣了。
原来那么早就有玻璃了啊。
据说埃及在公元前 3000 年就开始用玻璃做装饰品了。
你对玻璃知道得挺多啊！
我其实是北海道小樽的一个玻璃工匠。
我非常喜欢玻璃。今晚一起吃饭吧。我也想听听小樽玻璃的事。

晚饭时
好的，我明天一定准时参加。
对了，高桥先生，明天你也来参加真哉的婚礼吧。
小茜，明天婚礼的时候你就戴上这个吧，它是传给大贺家每一代长子的妻子的戒指。

现在就把戒指给她也太早了……算了，让她戴着吧。

大贺真哉和香取茜在豪斯登堡宫殿举办的婚礼马上就要开始了。
小茜姐真的好美。

小茜小姐，等会儿婚礼上就由我来担任女方的主婚人。
持田英男
大贺银行副行长
麻烦您了。
啊！

突然心悸了一下。
奶奶，我扶您去休息吧。
小茜姐姐，你的戒指戴上了吗？
还没有。
啊，戒指不见了！

你看这张被压在戒指盒下面的照片。
这是真哉帮我拍的照片。

戒指不见了？！

姐姐进入休息室之前，戒指明明还在。
你怀疑是我偷的？

找不到戒指的话，这场婚礼就别举行了！

大贺真哉一行人打算去找戒指。
小兰，你怎么了？
我不放心小西姐，我去看看她。

小西姐……
小西姐不在休息室，到处都找不到她。

我们一起去找她吧！
可是没有戒指也没法结婚。

刚才我就注意到了照片上的绣球花。找到有绣球花的地方，应该就能找到戒指。

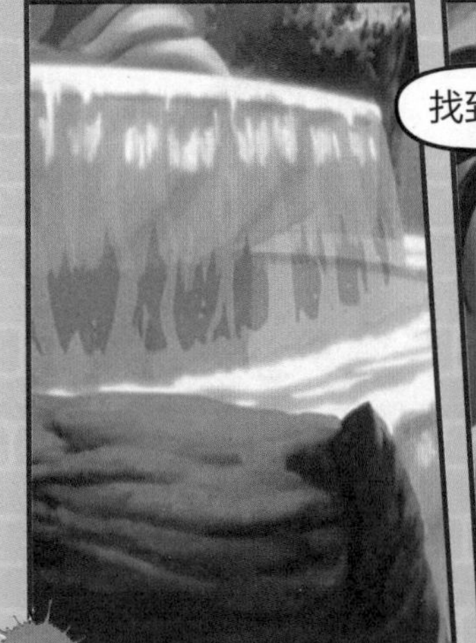

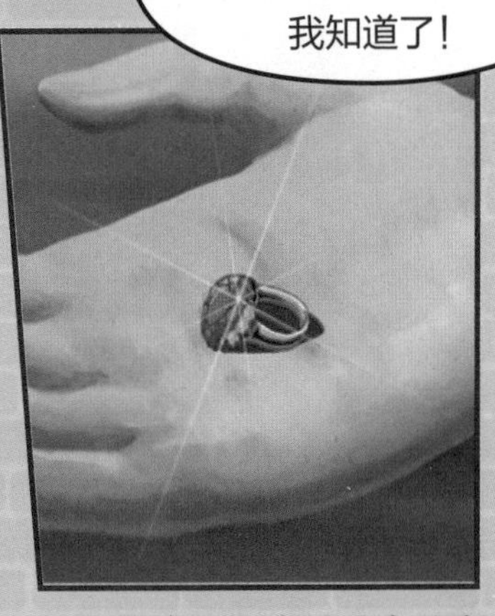

*“滝”在日语中是瀑布的意思。

柯南找到戒指后，又和铃木园子她们一起发现了新娘的鞋子。

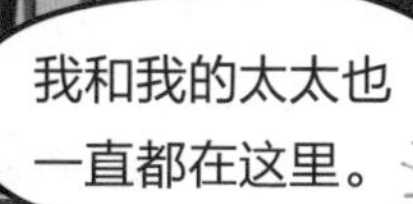

下午1点钟的时候，我正在夫里士兰那边骑马。
我在休息室里喝酒。

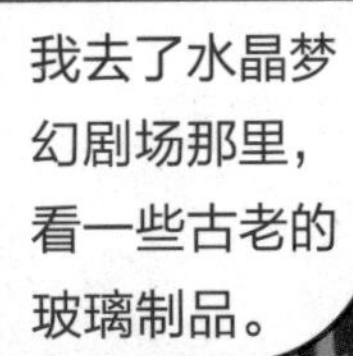
我去了水晶梦幻剧场那里，看一些古老的玻璃制品。

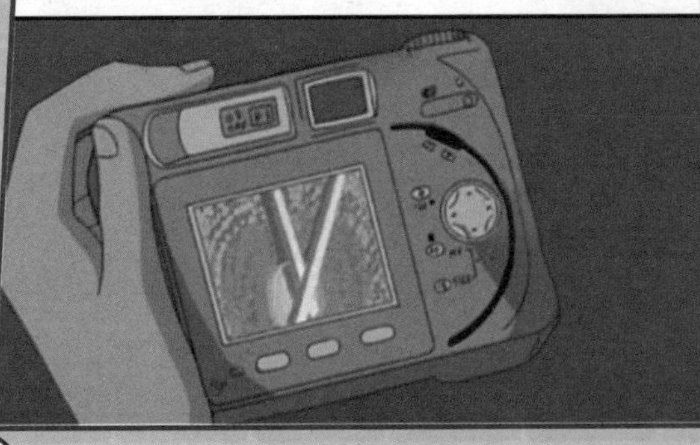
高桥纯一向柯南展示自己拍的照片。

持田叔叔，请问小茜姐的家里人是怎样的？
她的父亲是一个小有名气的玻璃师傅，不过在10年前去世了。

传闻说他是因为大贺银行逼他还钱才自杀的。

当初他用玻璃工坊到银行做抵押，奶奶后来把它买了下来。

有人说是奶奶想要得到工坊才逼他还钱，但那不是事实。

长针的位置对上了。现在是下午 3 点 05 分。
那这张照片就不是在 1 点钟照的，而是在 2 点 05 分照的。
12
1
2
3
上面没有数字，长针和短针重叠在一起，看起来就像是 1 点钟。
那个人在 1 点绑架了小茜姐，2 点 05 分来到了这里……
小茜姐应该就被绑在风车和花钟之间的某个地方。
叮叮咚——
叮——咚
这个旋律有点奇怪，一定是有的钟没有响。
啊!!
柯南走进钟鸣交响曲博物馆，找到了香取茜。

高桥先生要对阿妙婆婆不利！

与此同时，高桥纯一带大贺妙来坐热气球。
你怎么不上来坐?
我有恐高症，您一个人坐吧。

是炸弹！

N BOSCH
嘀嘀嘀……

来不及了，看我的！

砰！

这到底是怎么回事?
还好你们及时赶到。

嗖!

这次发生的一连串事件，是由两个人各自的盘算共同造成的。阿妙婆婆就是其中之一。

从一开始就非常反对真哉和小茜结婚的您让人拿走了戒指。

柯南，麻烦你一下。
好的。

戒指找到了!
是柯南在玛莉兹广场的喷水池找到的。

美华姐，是阿妙婆婆吩咐你把它藏在那的吧?
没错。

那张照片实际上就在暗示戒指的藏匿地点。

绣球花过去的学名是八仙花科洋绣球，是席伯特以他的日本妻子滝夫人为灵感取的名字。
在日语中，滝夫人的“滝”字是瀑布的意思。
偷走戒指的是阿妙婆婆和美华姐。
不过，小茜姐遭到绑架却是意外状况。
我到后院的时候，碰巧看到高桥先生，就跟了过去。
我要让那个老太婆得到教训，当年你父亲就是被她害到自杀身亡的！
其实高桥先生就是阿妙婆婆说的小茜姐的未婚夫。
小茜小姐的父亲就是被这个老太婆给害了的！
10 年前大贺银行突然让老板还清债款，他实在没有办法，只有自杀。

阿妙婆婆之所以会反对真哉和小茜结婚，就是因为对小茜父亲的自杀感到自责。

阿笠博士科学馆

宫殿

欢迎来到“阿笠博士科学馆”，我是发明家阿笠博士。

世界上有一种住宅，房子多到数不清，还有巨大的花园，可能走上一天也逛不完。这种住宅就是宫殿。

凡尔赛宫

- 欧洲最大的宫殿。
- 世界五大宫殿之一。

位置

法国巴黎西南部18千米的凡尔赛镇。

耗费了多少人力物力

动用了大约3000名工人，6000匹马。

建了多久

50多年。

谁住在那里

法国国王及其家人、法国贵族、士兵、用人等。

有多少房间

2300间。

令人吃惊的真相

镜厅是一个大礼堂，长73米，墙壁上镶有17扇巨大的镜门，由357块镜子组成。

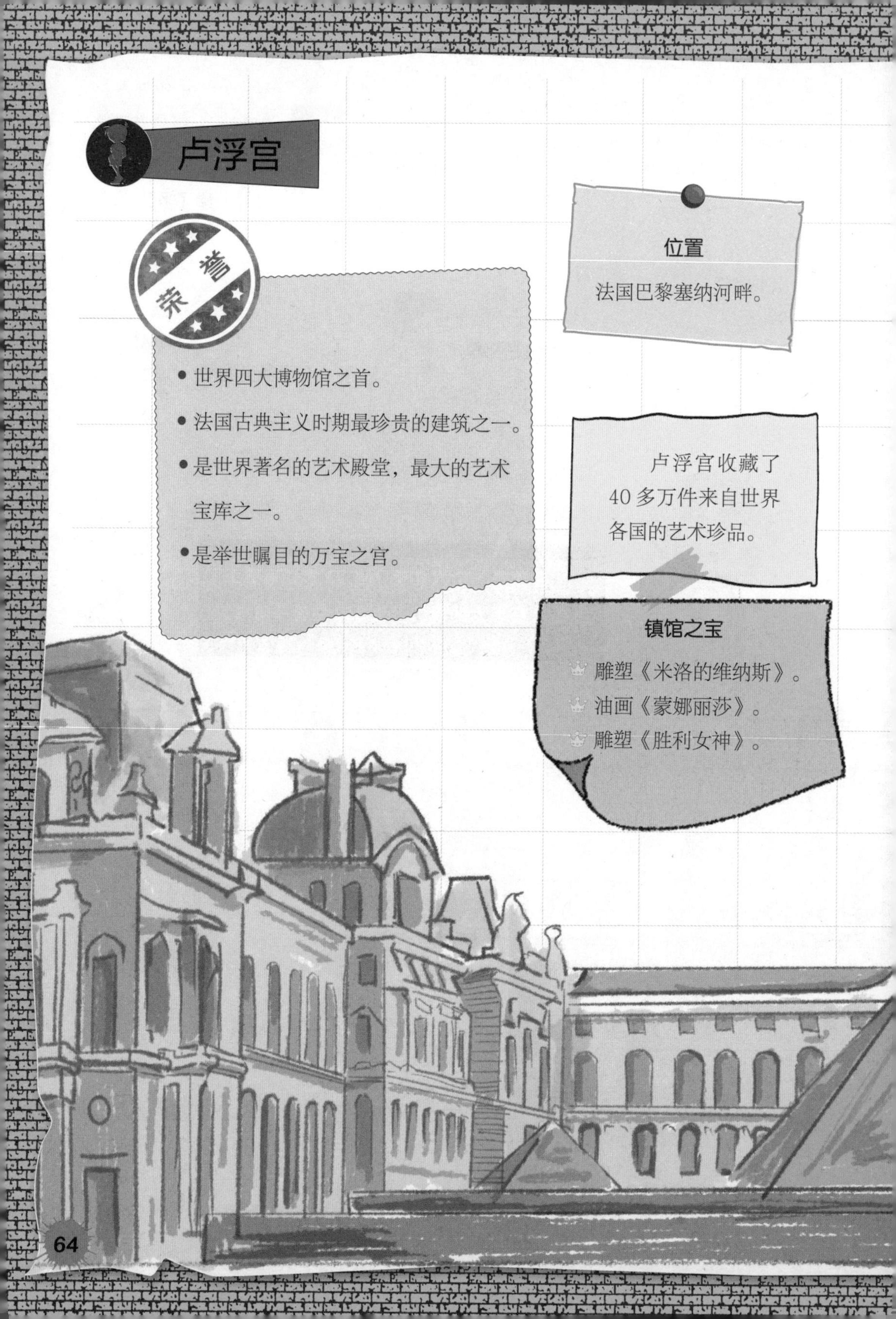

卢浮宫

荣誉

- 世界四大博物馆之首。
- 法国古典主义时期最珍贵的建筑之一。
- 是世界著名的艺术殿堂，最大的艺术宝库之一。
- 是举世瞩目的万宝之宫。

位置

法国巴黎塞纳河畔。

卢浮宫收藏了40多万件来自世界各国的艺术珍品。

镇馆之宝

- 雕塑《米洛的维纳斯》。
- 油画《蒙娜丽莎》。
- 雕塑《胜利女神》。

谁的主意：腓力二世。
12世纪末，腓力二世修建卢浮宫，用于存放王室档案和珍宝。
弗朗索瓦一世继位后，拆毁了这座宫殿，在原来的基础上重新修建了一座宫殿。
在随后的300多年间，经历任法国国王不断扩建、完善，卢浮宫才有了今天的样貌。
谁住在那里
这里居住过50位法国国王和他的家人，以及贵族、士兵、用人。

故宫

荣誉

- 世界上现存规模最大、保存最完整的木质结构古建筑群之一。
- 中国古代无与伦比的建筑杰作。
- 世界文化遗产。

位置

北京中轴线的中心。

谁的主意

明成祖朱棣（1360 年 5 月 2 日—1424 年 8 月 12 日）。

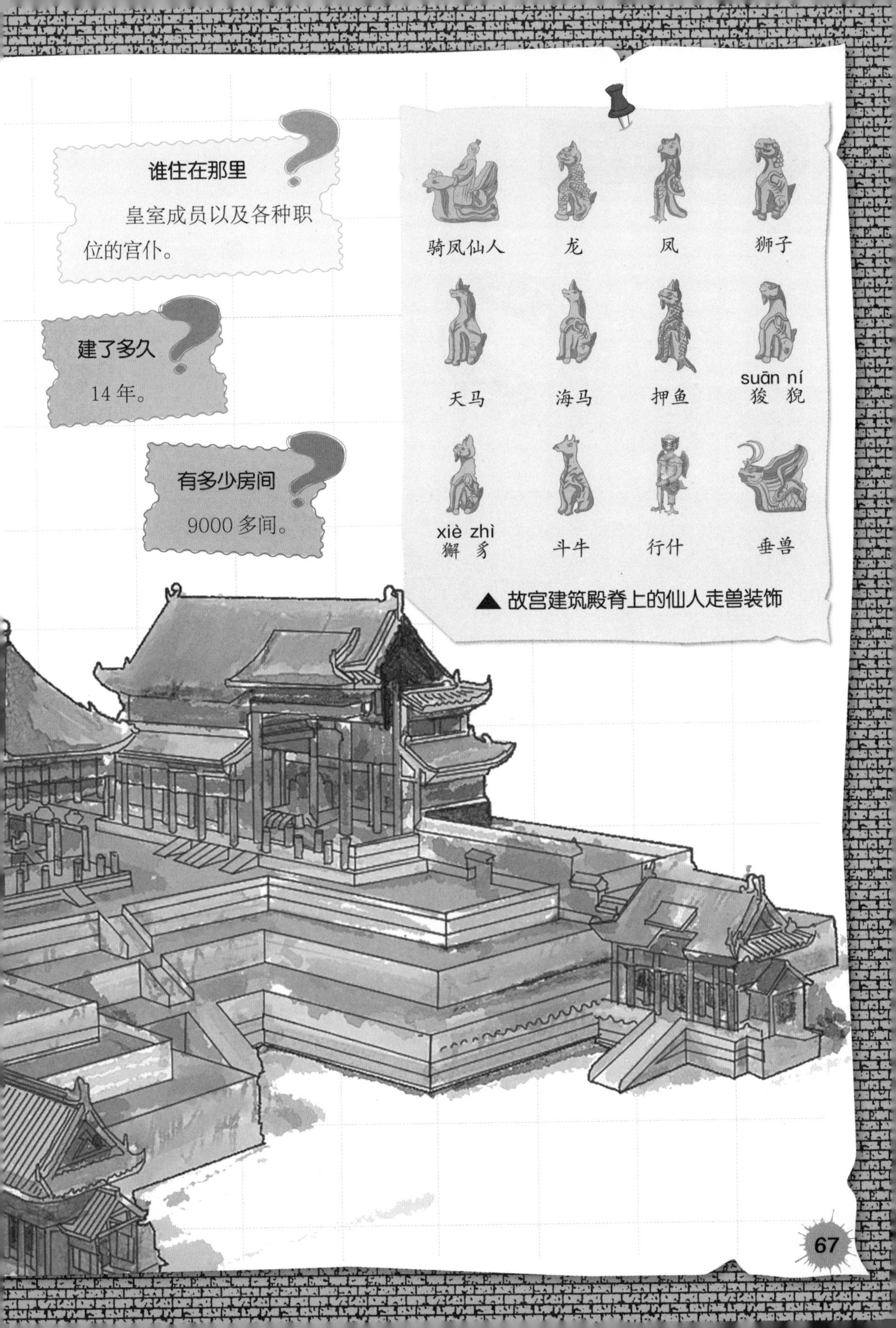

▲ 故宫建筑殿脊上的仙人走兽装饰

布达拉宫
荣 誉
• 世界屋脊上的明珠。
• 藏建筑杰出代表。
位置
中国西藏自治区首府拉萨市区西北的红山上。
有多少房间
据说 999 间（因为布达拉宫房间结构极其复杂，所以至今是个谜）。
谁住在那里
松赞干布和文成公主。
谁的主意
吐蕃王朝赞普松赞干布。

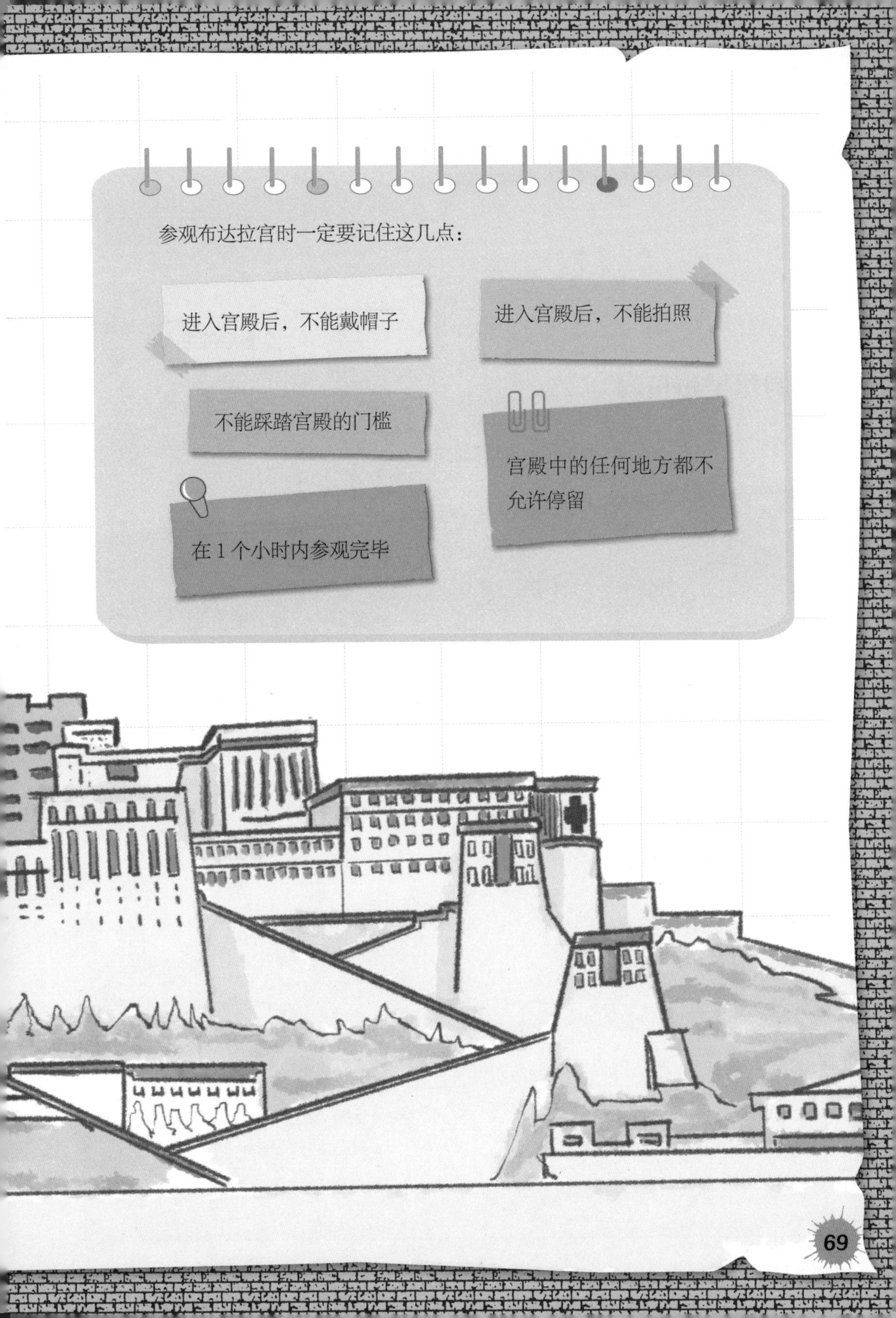
参观布达拉宫时一定要记住这几点：
进入宫殿后，不能戴帽子
进入宫殿后，不能拍照
不能踩踏宫殿的门槛
宫殿中的任何地方都不允许停留
在 1 个小时内参观完毕

一些特别的宫殿
阿尔罕布拉宫
位置
西班牙格拉纳达
建造时间
1238 年—1358 年
曾经的主人
来自北非的摩尔人，他们在西班牙统治了几百年。
特色
它就像童话故事中的城堡。
●庭园中修建着喷水池。
●遍植玫瑰花，一年四季花香四溢。
●弓形的窗户和柱廊上，装饰着新颖的花边。
●墙壁上砌着彩砖。
布莱顿行宫
位置
英国布莱顿
曾经的主人
乔治四世
风格
东方哥特式
特色
●大量中式家具和摆件。
●天花板上刻有飞龙。
●墙上挂着丝绸饰品。
●灯饰是莲花造型。

努洛伊曼皇宫

位置

文莱斯里巴加湾市

建成时间

1984 年

现在的主人

文莱苏丹

特色

- 有 1788 个房间。
- 皇宫内建有 250 多间盥洗室。
- 建有极其庞大的地下车库。

克里姆林宫

位置

俄罗斯莫斯科

始建时间

1156 年

曾经的主人

俄国沙皇

特色

- 多次扩建，形成一组建筑群。
- 呈不等边三角形。
- 伊凡大帝钟楼右侧有世界上最重的钟，被称为“钟王”。它从未被敲响过。

侦探入门测试 3

想成为一名洞察世事的优秀侦探，你首先要有足够的知识储备。用知识武装头脑，用科学解开谜题。

故宫建筑举世闻名，就连殿脊上的仙人走兽装饰都别具一格，各有自己的名字。请你看看下面的仙人走兽，并将它们的名字填在括号中。

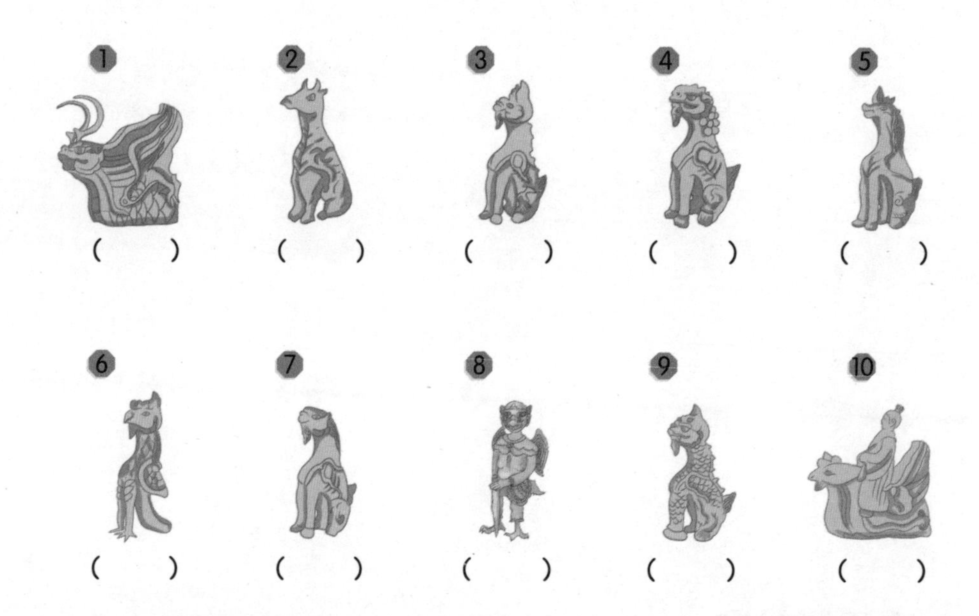

狻猊	行什	獬豸	骑凤仙人	天马
龙	垂兽	斗牛	凤	狮子

填对每空得 2 分，答错不得分。

得分合计：________

昙柄寺隐藏的秘密

侦探之眼

人上了年纪，
不想说的话，
也会不小心
说出口。

昙柄寺隐藏的秘密

4 天前的晚上，劫匪肉户隆在米花市抢劫后两小时就遭遇车祸身亡，被他抢走的三千万日元至今下落不明。而找到三千万日元的关键在于一位失智的老人。

足立了全
昙柄寺住持
我们寺庙昨天开始施工，晚上就接到了电话。
立刻把工程取消，否则小心受到诅咒。
我已经让工程先暂停了，希望毛利先生能帮忙找到恐吓我们的人。
好的，交给我吧！
柯南听到一对母女在争论一件事情。
你们在说什么？听起来好有意思！
一个人怎么可能同时出现在两个地方呢？
我们在说寅谷荣作先生昨天中午在中央公园晒太阳这事。
妈妈你看错了，那时候寅谷荣作先生在西口公园才对。
中央公园
一个人同时出现在两个地方？
西口公园

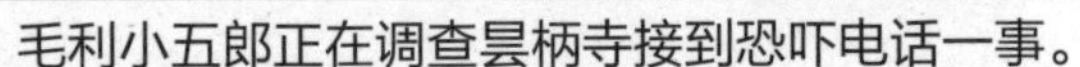
毛利小五郎正在调查昙柄寺接到恐吓电话一事。

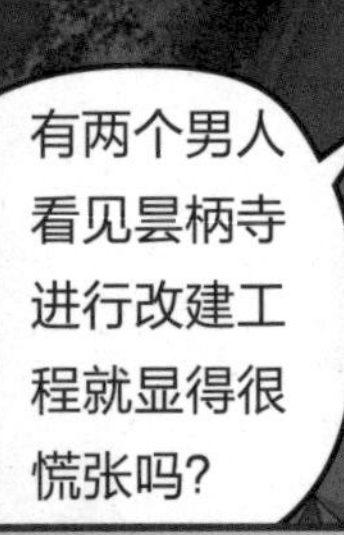

请问你知道那两个人是谁吗?

请问荣作先生在吗?
为什么要问我爸在不在?
因为我听说昨天中午在同一时间有人在中央公园和西口公园看到了他。
难不成金太哥也……
银助，你该不会是……
哧嚓!

你们家订了好多报纸啊!
私の手紙
水族館でアザ
鈴木財閥、新事業法
労働者派遣法
鈴木財閥の新
後押し
我们没订什么报纸，那天是特别……
总之，我们家跟昙柄寺没有任何关系。

他们绝对有大问题。
砰!

你见过他？
是4天前
的晚上吗？
是的，我记得是在
昙柄寺附近看到的。

恐吓寺庙的，一定
是那对兄弟。

是高木警官，他们在追
查丢失的三千万日元吧。

是不是打听到有
人在这边目击了
劫匪？
我懂了！那对兄
弟是劫匪的同伙。

他们把钱藏在
了昙柄寺。
这么说也不是
不可能。
报纸的日期就是抢劫
案的隔天，他们是在
担心侦办进度。
一定是这样！必须把
这件事告诉高木。
鈴木財閥、新事業法
私の手紙
水族館でアサ

肉户隆完全不相信别人，
他应该不会有同伙。
好吧。同伙这条
线居然不对。

4 天前星期二的晚上……
毛利小五郎他们在
附近询问有关寅谷一家
的情况。
应该是荣作先生
又不见的那天吧。

那天晚上他的两个儿子到处找他。
荣作先生有
失智的倾向。

最后他们在昙柄寺找到了荣作先生。

老爸他今天去
了昙柄寺。

把一个背包埋在那里了。
你根本没有什么
背包啊，老爸。

荣作先生埋
了一个背包
在昙柄寺?

原来一切都是他们父亲搞的鬼!

他们的父亲是鬼迷心窍了吗?

竟然对一名劫匪行抢。

他把钱埋在昙柄寺的某个地方，没想到改建工程突然开始了。

因为某些缘故没能把钱拿回来，所以打了恐吓电话。
叔叔，你的推理太牵强了!

如果真的是他把钱埋起来的话，根本不可能告诉大家背包的事情。

不想说的话会不小心说出口，人上了年纪就会这样。

看我把那老头抓起来送到警局里去。
嗯……

我这次是来找你们的父亲的!

仔细想想！
难道那对兄弟注意到他们父亲的话了？
可为什么要假扮成自己的父亲呢？
不想说的话会不小心说出口，人上了年纪就会这样。
接下来就是……
原来他们是害怕这个，我已经全部看穿了。

恐怕就是这里了。
啊，惨了！
毛利小五郎将警方和寅谷一家带到了昙柄寺。
恐吓案和消失的三千万日元的去向，就由我小五郎一并解决！
这两起案件都是由这位寅……
嗖
他看到一个男人把背包埋在了昙柄寺。
是肉户隆！
事情的开端在4天前的晚上，寅谷荣作先生碰巧目击了关键的一幕。

后来，他就对两个儿子和邻居
说了这件事。
当时没人明白这句话的意思，
但隔天两个儿子就发现了。
劫匪用来装钱的
是背包啊！
老爸，昨晚是这家伙把这个背包埋起来了吧？
是啊，我不是
说了吗？
他们想
把钱据
为己有。
我们等老爸的记忆恢
复就好了。
毕竟他的记
忆总是断断
续续的。

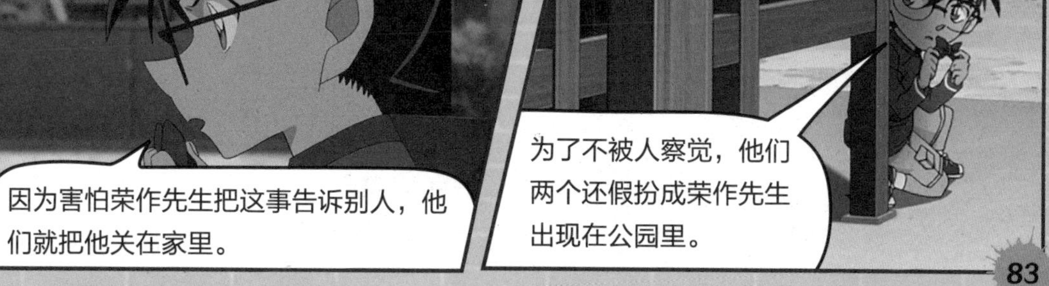
因为害怕荣作先生把这事告诉别人，他
们就把他关在家里。
为了不被人察觉，他们
两个还假扮成荣作先生
出现在公园里。

然而，昙柄寺的改建工程要开始了，那笔钱很有可能被挖出来。

立刻把工程取消，否则小心受到诅咒。

关键是，背包埋在什么地方呢?

劫匪肉户隆为了躲避警方的追缉，逃到昙柄寺，并把钱埋在这里。

肉户隆以为这里没人能看到，但还是被荣作先生看到了。

背包就被埋在那棵树的后面。

当晚，荣作先生并不是在昙柄寺目击到这一切，而是在昙柄寺附近的楼顶。
肉户隆大概也没想到，这么晚还有人在楼顶。
他好像是讲过从那里看晚霞特别漂亮。
找到了！

没错，就是这里！
不要看到才想起来好吗。

阿笠博士科学馆 特别的建筑

欢迎来到“阿笠博士科学馆”，我是发明家阿笠博士。

人们不仅为自己修建房屋，还会为他们信仰的神灵修建住所，也会为去世的祖先建造祭祀场所。现在，我们一起去了解一下这些特别的建筑吧。

天坛

天坛是帝王祭祀皇天、祈求五谷丰登的场所。

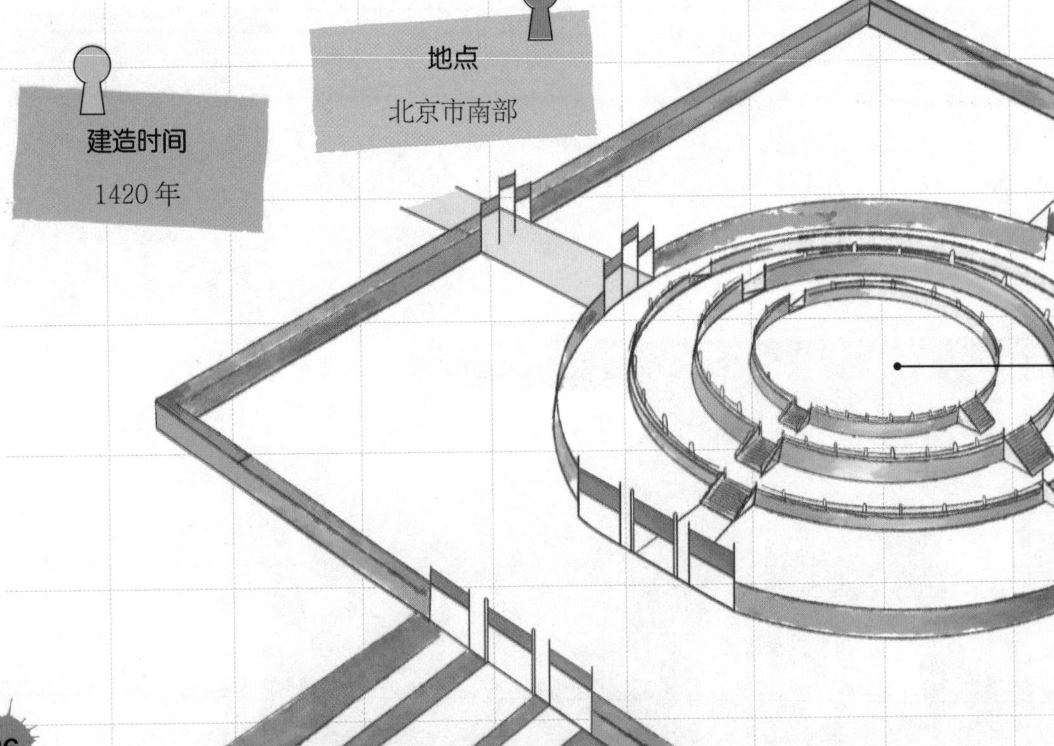

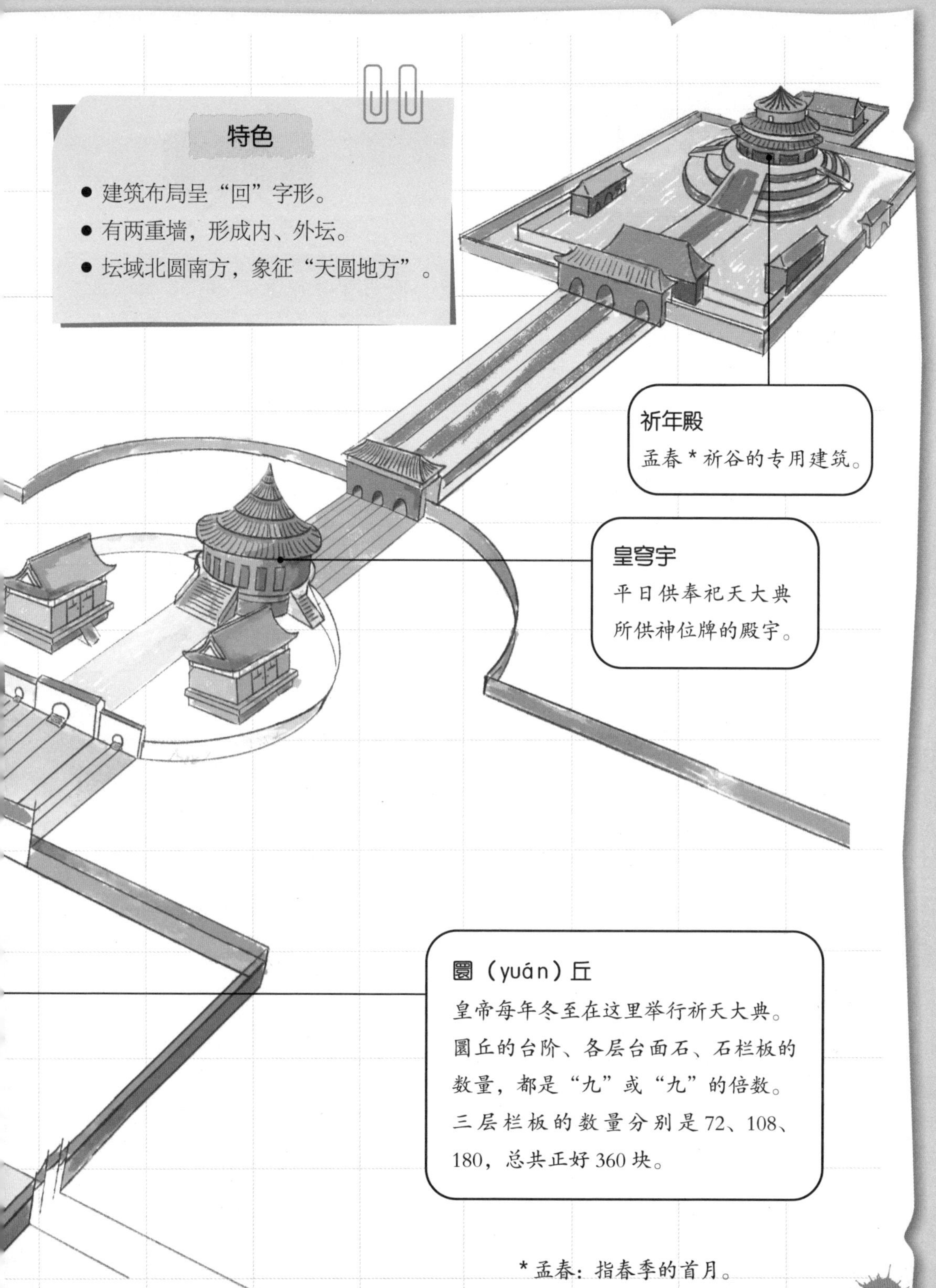
特色
● 建筑布局呈“回”字形。
● 有两重墙，形成内、外坛。
● 坛域北圆南方，象征“天圆地方”。
祈年殿
孟春*祈谷的专用建筑。
皇穹宇
平日供奉祀天大典所供神位牌的殿宇。
圜（yuán）丘
皇帝每年冬至在这里举行祈天大典。圜丘的台阶、各层台面石、石栏板的数量，都是“九”或“九”的倍数。三层栏板的数量分别是72、108、180，总共正好360块。

*孟春：指春季的首月。

吴哥窟

什么时候建成	12 世纪
建了多长时间	30 多年
谁的主意	柬埔寨吴哥王朝国王苏利耶跋摩二世（1113 年—1150 年在位）
为什么建造	为供奉毗湿奴而修建

特色

- 世界上规模最大的庙宇类建筑
- 世界上最早的高棉式建筑
- 吴哥窟的建筑宏大、辉煌，到处都有精致的浮雕
- 吴哥窟的建筑全部靠砂石的形状和本身的重量结合在一起，无任何黏合剂

奇怪的地方
1432 年被弃用
重见天日
19 世纪法国冒险家重新发现它

麦加大清真寺

伊斯兰教是世界三大宗教之一，清真寺就是信徒礼拜的地方。麦加大清真寺是伊斯兰教第一大圣寺。

地点

沙特阿拉伯麦加城中心

规模

经过几个世纪的扩建、修理，如今可同时容纳上百万人做礼拜

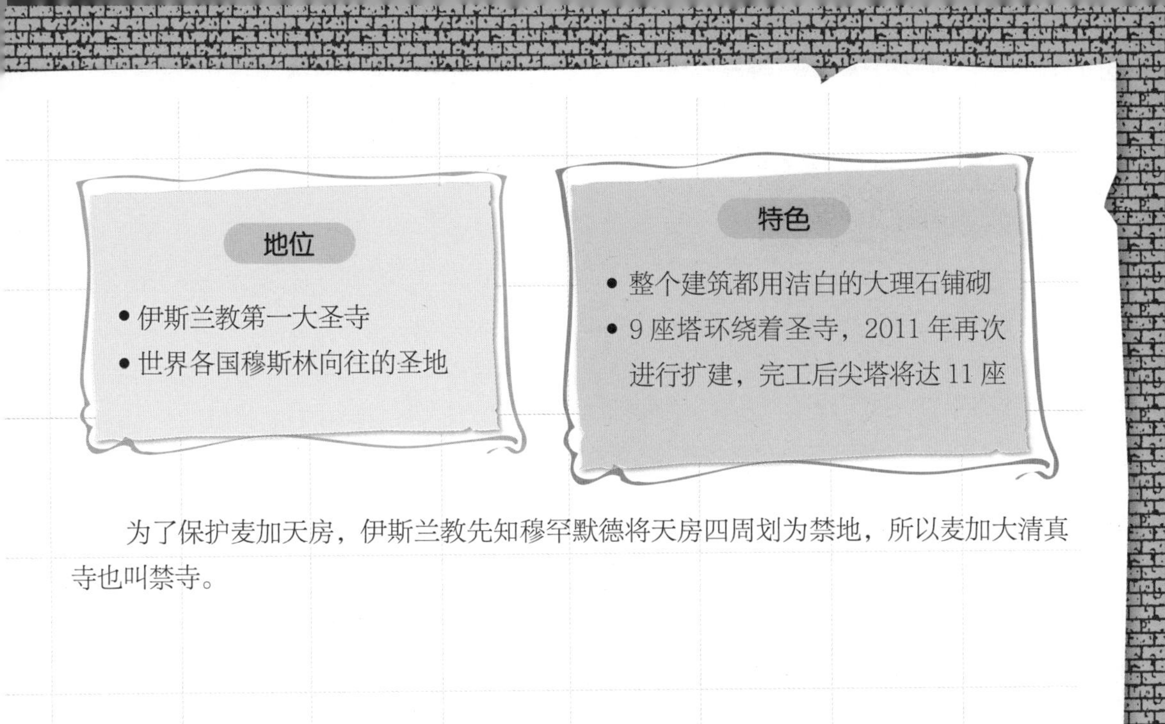

地位

- 伊斯兰教第一大圣寺
- 世界各国穆斯林向往的圣地

特色

- 整个建筑都用洁白的大理石铺砌
- 9 座塔环绕着圣寺，2011 年再次进行扩建，完工后尖塔将达 11 座

为了保护麦加天房，伊斯兰教先知穆罕默德将天房四周划为禁地，所以麦加大清真寺也叫禁寺。

万神殿

万神殿是罗马帝国时期的建筑，建造的目的是供奉奥林匹亚山上的神。在漫长的历史中，它的用处发生了变化：

罗马神祇的庙宇 ▶▶▶ 天主教堂

到如今，它已经有 2000 多年的历史了。

始建于：公元前 25 年左右

建造者：马库斯·阿格里帕（公元前 63 年—公元前 12 年）

万神殿拥有世界上最大的没有钢筋的混凝土穹顶。

万神殿入口有 16 根柯林斯柱式的柱子。它们是从古埃及运来的。

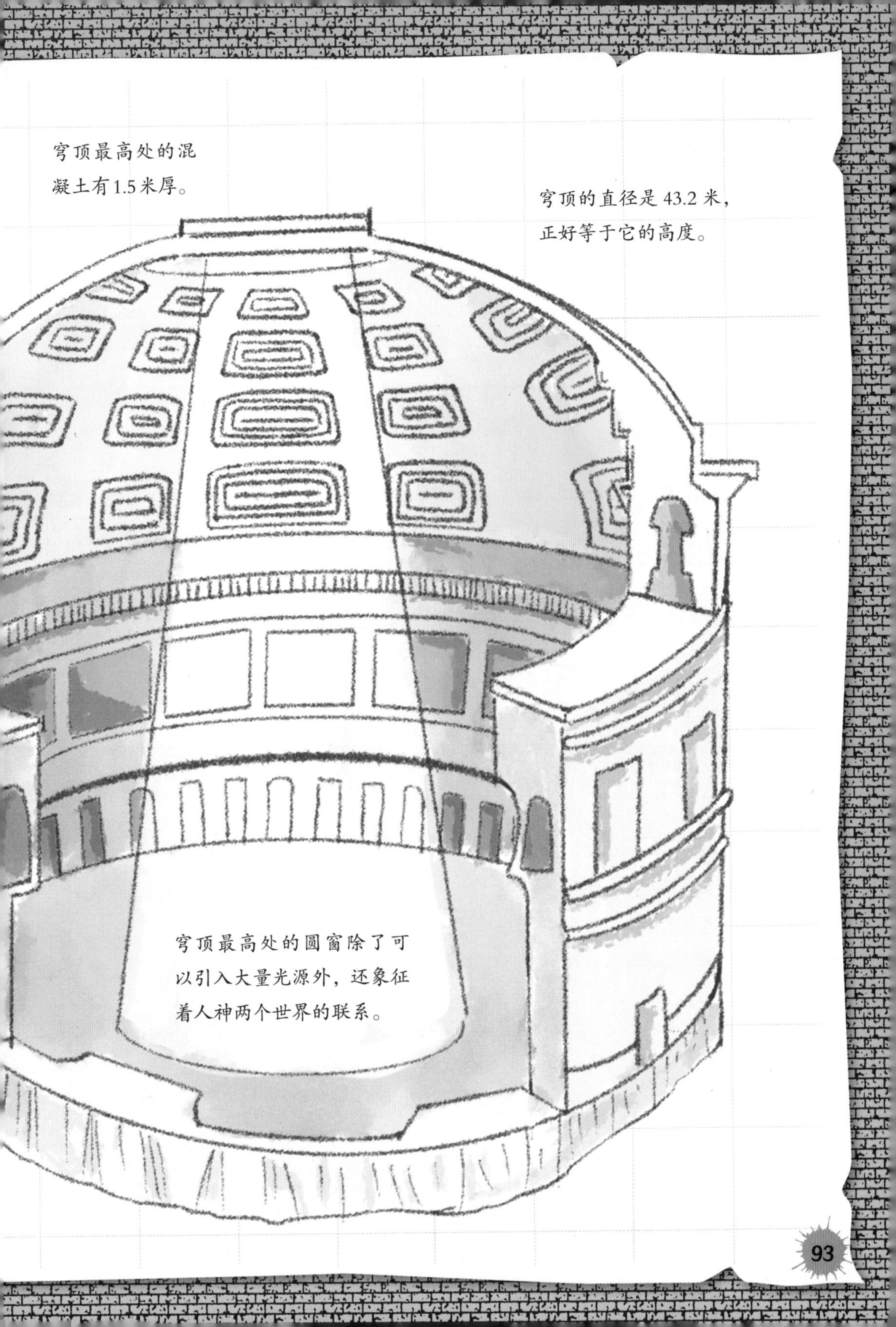
穹顶最高处的混
凝土有1.5米厚。
穹顶的直径是43.2米，
正好等于它的高度。
穹顶最高处的圆窗除了可
以引入大量光源外，还象征
着人神两个世界的联系。

教堂

在中世纪时期，欧洲开始兴建大教堂。欧洲教堂主要有四种建筑风格：

拜占庭式　罗马式　哥特式　巴洛克式

迷人的特征

1 天花板凸饰

在天花板和肋拱交会处，建筑师会用雕刻装饰，内容以《圣经》里的场景为主。

2 拱顶

教堂房顶一般为连续的半圆拱的结构。

3 玫瑰窗

教堂正门上方的大圆形窗，呈放射状，镶嵌着美丽的彩绘玻璃。

4 肋拱

坚硬却轻巧的石拱框架，可以支撑屋顶。

5 雕像

宗教人物雕像。

6 地板花砖

地板由彩色瓷砖铺成，瓷砖上有彩色的图案。

7 滴水嘴

用于排出雨水。常做得非常丑陋，目的是吓走妖怪。

8 飞扶壁

起到支撑墙壁的作用。

巴黎圣母院

始建时间：公元 1163 年

类型：哥特式建筑

特色

欧洲最著名的哥特式大教堂之一。

法国最具代表性的文物古迹和世界遗产之一。

法国及欧洲文学文化地标建筑。

世界上第一座完全意义上的哥特式教堂。

法国巴黎的象征。

侦探入门测试 4

想成为一名洞察世事的优秀侦探，你首先要有足够的知识储备。用知识武装头脑，用科学解开谜题。

你还记得教堂的特征吗？请你把描述文字与对应的特征连起来。

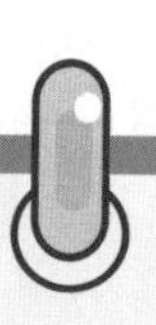

1	天花板凸饰	A	教堂正门上方的大圆形窗，呈放射状，镶嵌着美丽的彩绘玻璃。
2	拱顶	B	在天花板和肋拱交会处，建筑师会用雕刻装饰。
3	玫瑰窗	C	教堂房顶一般为连续的半圆拱的结构。
4	肋拱	D	宗教人物雕像。
5	雕像	E	起到支撑墙壁的作用。
6	地板花砖	F	地板由彩色瓷砖铺成，瓷砖上有彩色的图案。
7	滴水嘴	G	坚硬却轻巧的石拱框架，可以支撑屋顶。
8	飞扶壁	H	用于排出雨水。

每连对一组得 2.5 分。

得分合计：________

雪夜的恐怖传说

侦探之眼

刀不仅是凶器，
还可以是
制造密室的利器。

雪夜的恐怖传说

在一个有特殊意义的雪夜，一处传统住宅内发生了命案，大门家的老爷和大少爷分别在厢房和影音室被人用锋利的长刀杀害，然而雪地上只留下了一串单向的脚印……

毛利先生,今晚就请入住这个房间。
北条初穗
请问洗手间在哪里呢?
这里就是洗手间了。
家里好大啊。
那边的房间是做什么的呢?
走廊尽头是影音室，左前方那间是厨房，旁边是通往院子的后门。
老爷，老夫人说她今天晚上不太舒服，要早点休息。
我婆婆每逢秀友将军的忌日，都要在房间里的佛坛祭拜到午夜呢。
大门一树
大门加代子
妈的身体本来就不好，你应该多费点心啊。

一树，你要是有时间就多花点心思在你的工作上吧!
良朗你也不要在什么餐厅驻唱了，没什么出息，还是回来公司帮忙吧。

老爸，我……

希望秀友将军不要冻到脚，请穿上这双白袜吧。

这本是我母亲剪贴的新闻。
1996 年 12 月 10 日，佐草工业的社长佐草健一自杀身亡……

业内一直有传言，说佐草工业被大门工业利用，恶性竞争导致其倒闭。

其实这个自杀的社长，才是那副盔甲原本的主人。
这个社长就是在 4 年前的今天自杀的。
收藏秀友将军那件盔甲的主人竟然也是 12 月 10 日自杀的。

很恐怖吧。我已经把床铺好了，请各位休息吧。
第二天早上
不好了，老爷在厢房里死了！
有这种事？

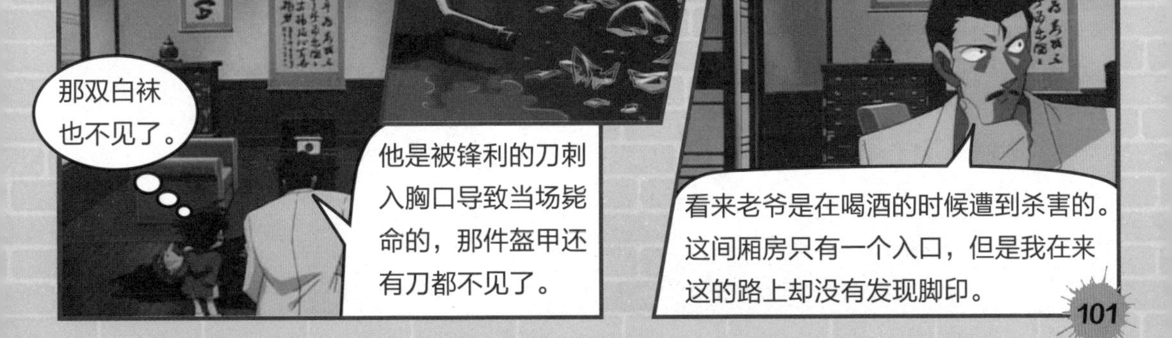

那双白袜也不见了。
他是被锋利的刀刺入胸口导致当场毙命的，那件盔甲还有刀都不见了。
看来老爷是在喝酒的时候遭到杀害的。这间厢房只有一个入口，但是我在来这的路上却没有发现脚印。

原来凶手用这道
门挡住了脚印。
而且来的路上有假山和树林
掩护，所以根本看不见。

好大的脚印啊。
为了不破坏这些脚印，我们还是原路返回
主屋，看看这些脚印延伸到哪里。

昨天一树说要听
音乐，在影音室
过夜……

一树先生！
看来要破门而入才行。

嘭！
毛利小五郎一行人破门之
后，发现大门一树已经死亡。

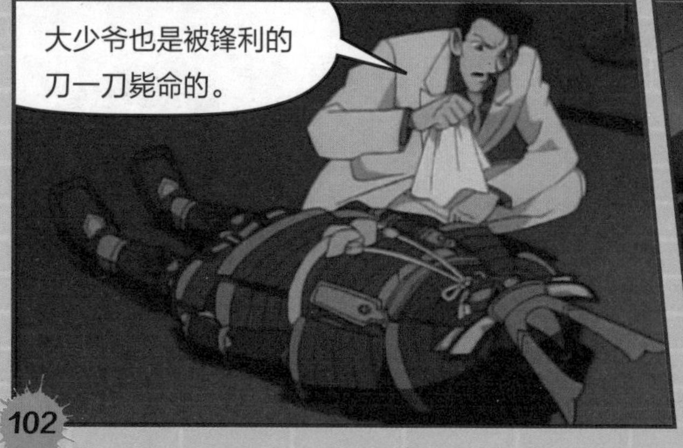
大少爷也是被锋利的
刀一刀毙命的。

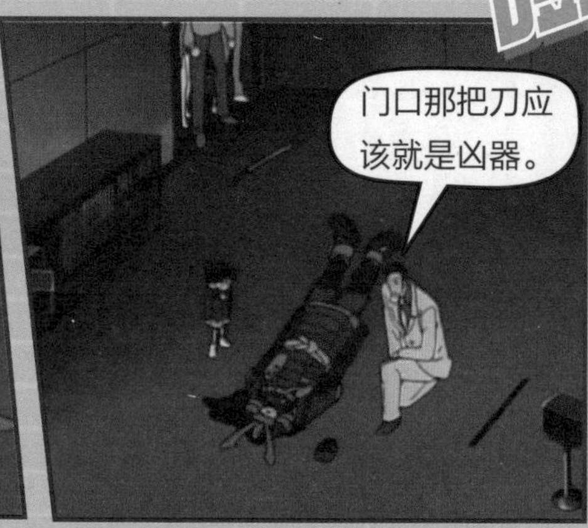
门口那把刀应
该就是凶器。

应该是大少爷在厢房杀了老爷后，又回到影音室自杀。现场遗留的脚印确实只有厢房到主屋这一段。

绝对是诅咒！昨天半夜，我亲眼看到盔甲武士从厢房向主屋走去。

这血是怎么弄的?

柯南注意到北条初穗的脚底有伤口。

奶奶，那个武士的手上有拿着刀吗？

他的左手应该没有拿刀，是不是握在右手就不知道了。

现在有两个问题，凶手是如何做到不留下脚印走到厢房的？又为什么要穿着盔甲走到影音室呢？

想这么难的问题不好玩，我要去外面玩雪。
你给我待在这！

一不注意你就到处乱跑。
叔叔你看，我的脚印都不见了。怎么搞的？
难道说凶手……
刀尖的血迹被蹭掉了。
影音室的门是从里面锁住的。
两个人恐怕都是死于这把刀下，可刀鞘明明在尸体旁边，刀为什么在门的附近？
这里为什么会沾到血迹呢？
原来是这样……密室之谜已经解开了。

他身上果然
没有沾上喷
出的血。
赤脚？凶手应该把那双白袜
也拿走了。难道是凶手拿去
用在别的地方了？

现在只要把凶
手藏的那样东
西找到就行了。

原来利用秀友将军的传
说的凶手就是她。

依照我的推断，
昨晚一树先生
先走到厢房杀
害了老爷，然
后穿上盔甲回
到了主屋。

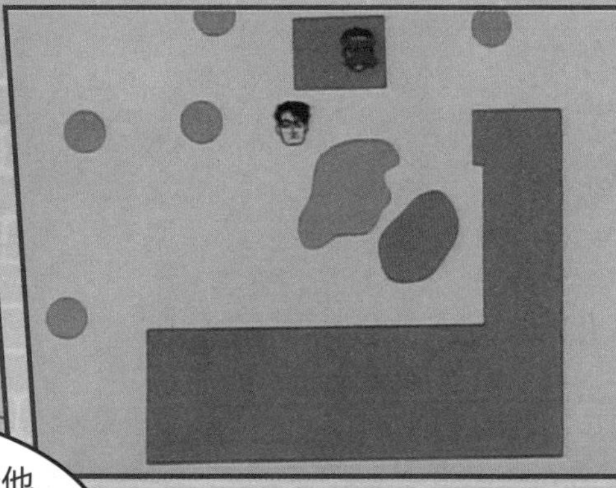
而且他十分小心地踩着他
不久前留下的脚印，因为
盔甲太重了，就把之前的
脚印完全盖住了。

回到影音室的他受不了良心的谴责，就从
里面把门反锁，拿起刀自杀了。

嗖

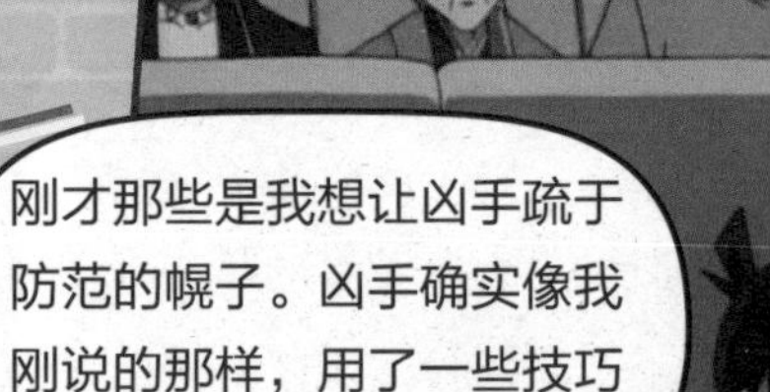

刚才那些是我想让凶手疏于防范的幌子。凶手确实像我刚说的那样，用了一些技巧回到了主屋。

但其实大少爷昨天根本没有杀害老爷，也没有自杀。

老爷在遇刺时，应该有血喷到凶手身上，但是盔甲还有大少爷的衣服上都没有血迹。

凶手在将老爷杀害之后，立刻潜入影音室，伺机将大少爷杀害，并为他穿上了盔甲。

然后把刀刺入了门边的墙壁，再将刀柄部分顶住用来关门的装置。

凶手扶着刀走到门外，关上门，那把刀就会将门锁顶上，形成密室。

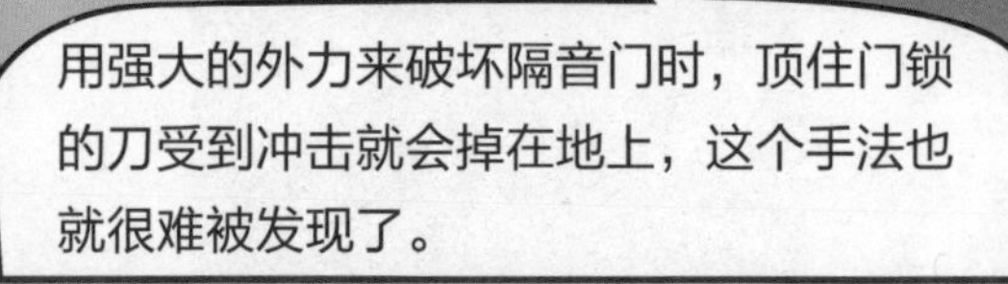
用强大的外力来破坏隔音门时，顶住门锁的刀受到冲击就会掉在地上，这个手法也就很难被发现了。

凶手把刀握在右手，为什么是左撇子呢？

那是因为凶手的左手拿着很重要的东西。

初穗小姐，你昨天在确认大少爷睡着之后，就从后门走向厢房。
你在厢房把老爷杀害后，就穿上了那件盔甲，然后踏着原先的脚印回到主屋。
这些都是你的猜测，并不能证明他们是我杀的。
证据就在厨房的灶里，那里面有一件沾了血的外套，还有一双白袜。
你左脚受伤了对吧？而且没有包扎好伤口，所以又出血了。
你在杀害老爷的时候，不小心摔碎了玻璃杯，还踩到了玻璃碎片受了伤。
你为了不让盔甲的鞋子沾上你的血迹，就穿上了龙子夫人供奉的白袜。
当时你就是将沾了血的外套和白袜子拿在了左手。最后，你把沾了血的外套和白袜藏在了厨房的灶里。
但是大半夜用灶容易引起怀疑，所以你就想在第二天找机会烧掉它们。
你说的没错，他们两个的确是我杀的。
今天你去冲咖啡的时候，小兰也去帮忙，让你错失了机会。

过去我爸开工厂的时候，总是无条件地全盘接受大门工业的订单。

直到有一天，大门工业因为我们的一点疏忽就断绝了生意往来。

我爸的工厂因此陷入经营困难，还被大门工业趁机吞并了。

不仅如此，老爷借钱给我爸的时候，还想要我们的传家宝。

我爸为了替工人多筹点钱，就把传家宝卖掉了。最后工人没帮上，传家宝也没了。

他怪自己没用就自杀了。我改名换姓来到这里，就是想在我爸忌日的这天替他报仇……

附在盔甲上的并不是秀友将军的冤魂，而是初穗小姐你想要复仇的心。

阿笠博士科学馆

欢迎来到“阿笠博士科学馆”，我是发明家阿笠博士。

中国地大物博，环境差异非常大，聪明的中国人运用智慧，建造了形态各异、富有地域特色的民居。我们一起去看看中国人的家是多么神奇吧！

吊脚楼

它们主要在哪里？ 南方少数民族聚集生活的地方

谁住在里面？ 侗族、苗族、土家族等

建在哪里？ 山坡或者河边

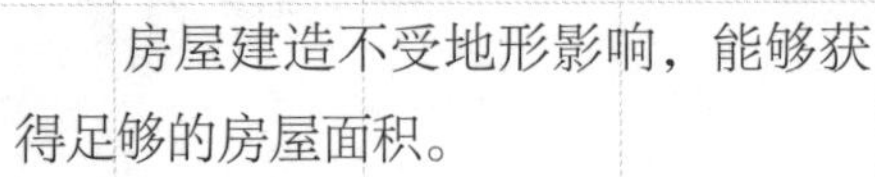

房屋建造不受地形影响，能够获得足够的房屋面积。

建造吊脚楼不用一颗钉子。

聪明的古人发明了榫卯结构，就像搭积木似的，把榫插入卯，就能把两块木头连接起来。

依山建房，减少对耕地的占用。

房屋后面或者两侧挑出一部分地板，下面用木桩支撑，形成架空平台。

四合院
后罩房
正房耳室
上房
也是正房、北房，长辈居住。
小档案
它们主要在哪里？北京
它们是什么时候出现的？早在3000多年前的西周时期就有完整的四合院出现
谁住在里面？四合院是传统民居，一家人住在里面
西厢房
晚辈居住。
厢房耳室
西南角院

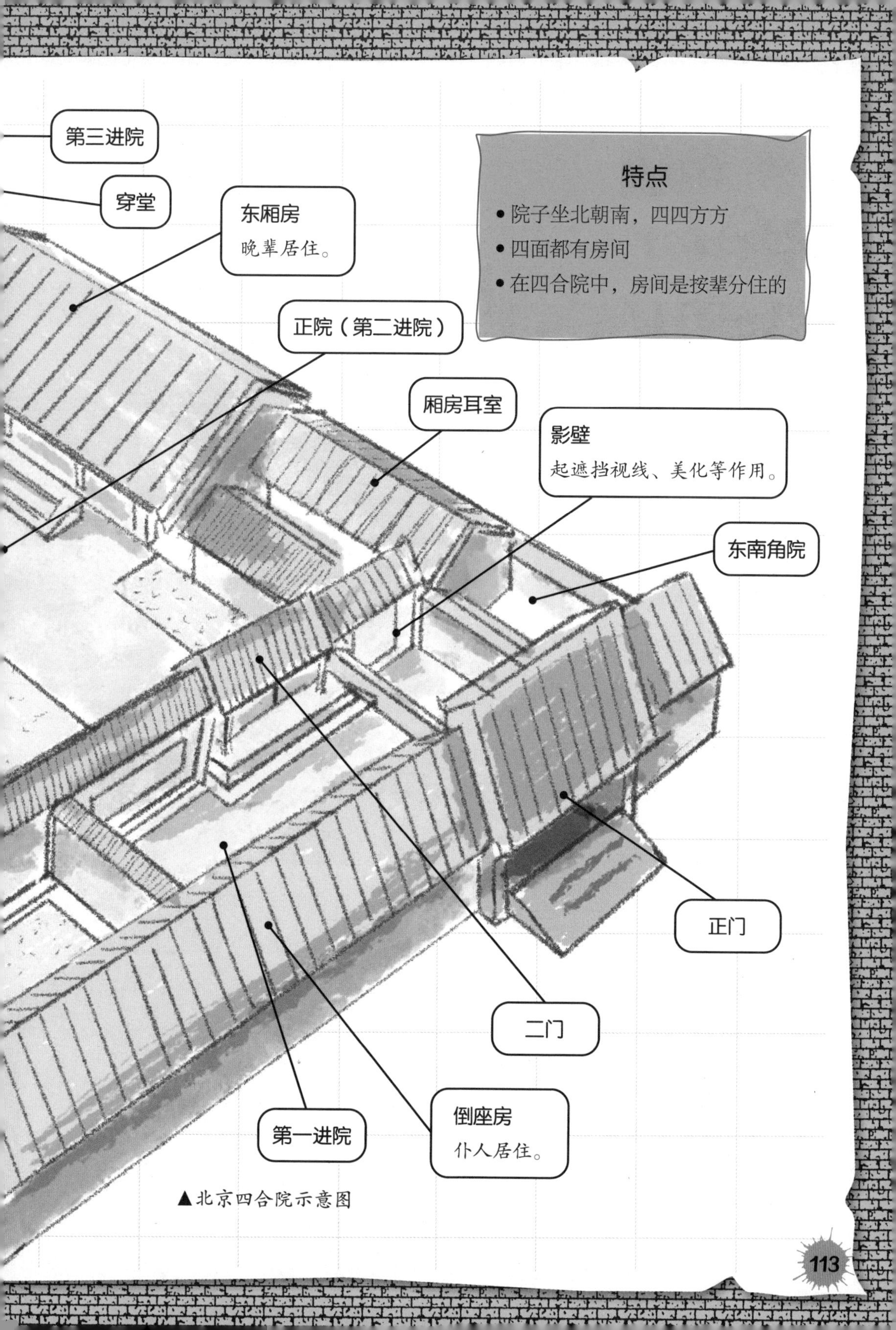
第三进院
穿堂
东厢房
晚辈居住。
正院（第二进院）
特点
• 院子坐北朝南，四四方方
• 四面都有房间
• 在四合院中，房间是按辈分住的
厢房耳室
影壁
起遮挡视线、美化等作用。
东南角院
正门
二门
第一进院
倒座房
仆人居住。

▲北京四合院示意图

窑洞

它们在哪？

黄土高原

它们是什么时候出现的？

4000 多年前

窑洞主要有靠崖式窑洞、下沉式窑洞、独立式窑洞。

窑洞一般修在朝南的山坡上。

面朝开阔地带，一院窑洞一般修 3 孔或 5 孔。

中窑为正窑，是长辈居住的地方。

窑洞的窗户有四类：天窗、斜窗、炕窗、门窗。

窑洞冬暖夏凉，特别适合居住。

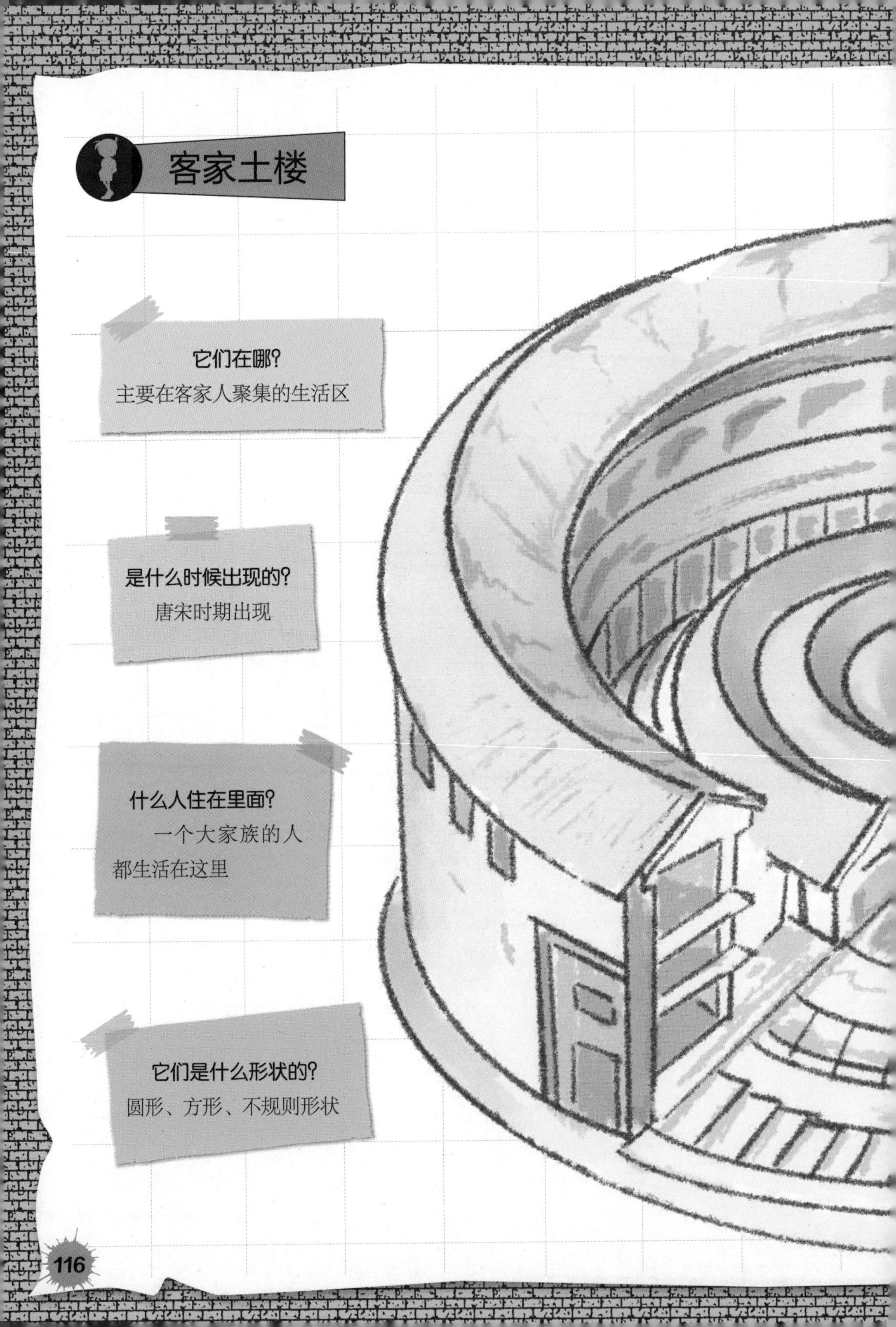
客家土楼
它们在哪？
主要在客家人聚集的生活区
是什么时候出现的？
唐宋时期出现
什么人住在里面？
一个大家族的人
都生活在这里
它们是什么形状的？
圆形、方形、不规则形状

圆形土楼一般由两圈或三圈组成。外圈有三到四层，二圈有两层，中间是祖堂。

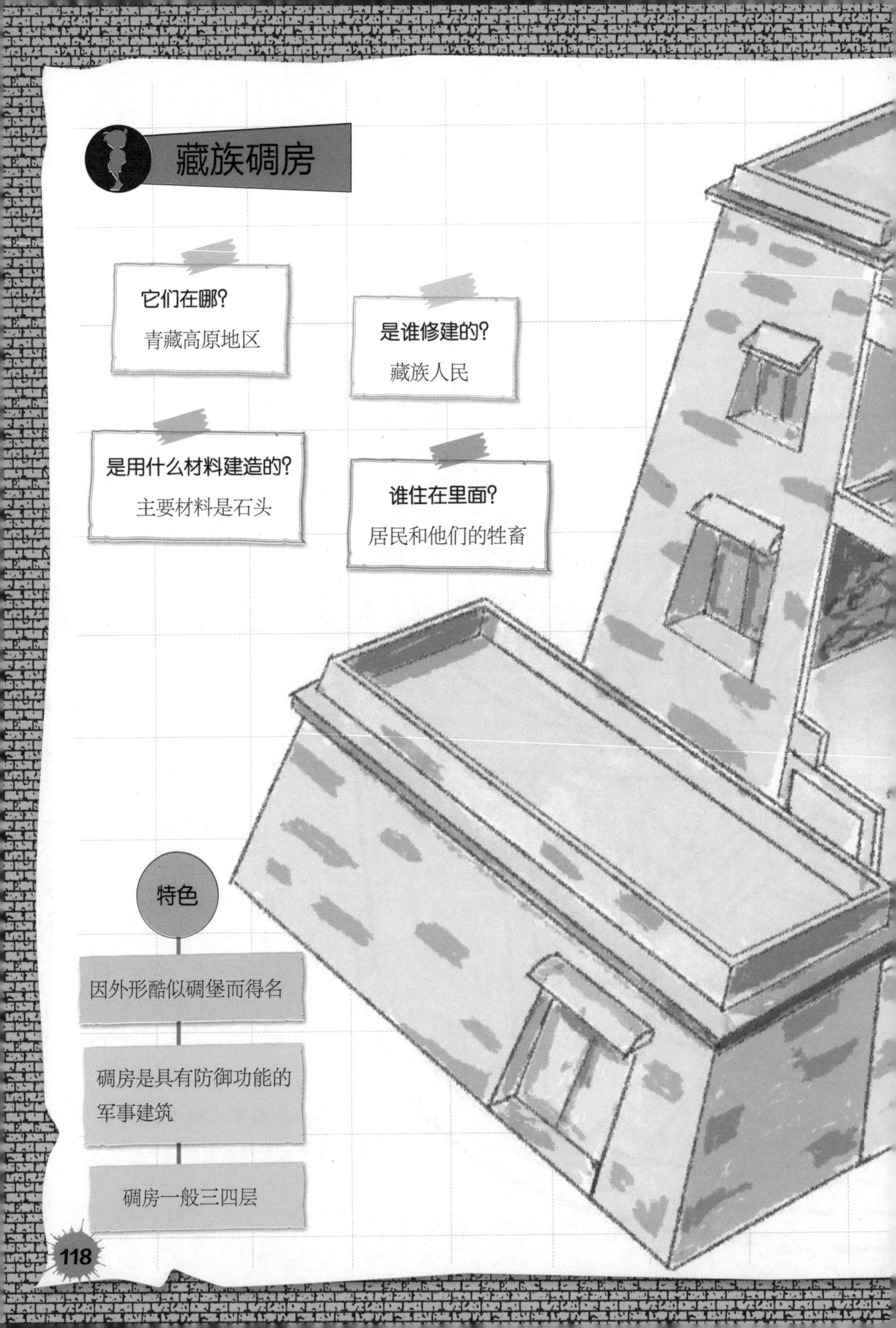
藏族碉房
它们在哪？
青藏高原地区
是谁修建的？
藏族人民
是用什么材料建造的？
主要材料是石头
谁住在里面？
居民和他们的牲畜
特色
因外形酷似碉堡而得名
碉房是具有防御功能的军事建筑
碉房一般三四层

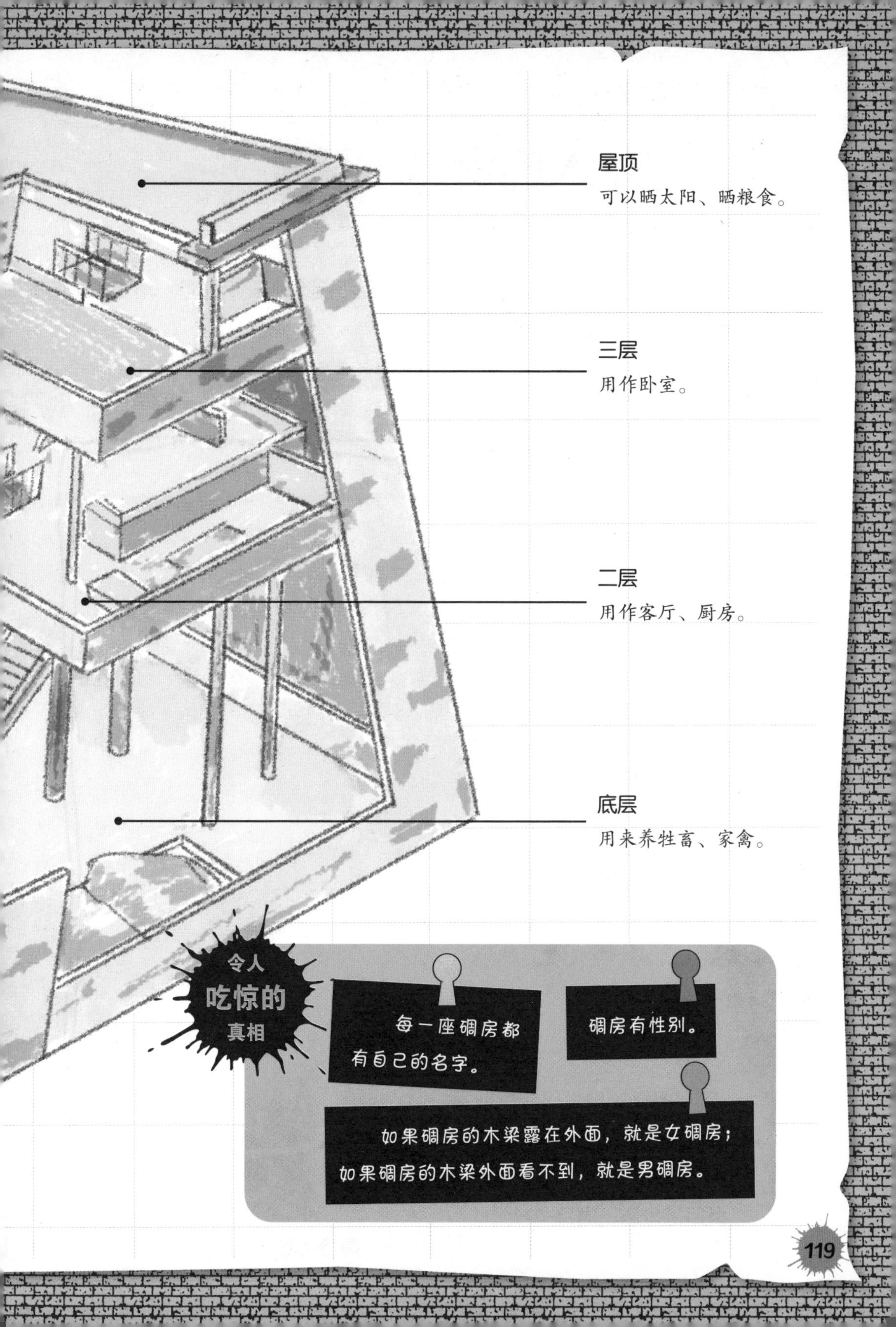

屋顶
可以晒太阳、晒粮食。
三层
用作卧室。
二层
用作客厅、厨房。
底层
用来养牲畜、家禽。
令人
吃惊的
真相
每一座碉房都有自己的名字。
碉房有性别。
如果碉房的木梁露在外面，就是女碉房；如果碉房的木梁外面看不到，就是男碉房。

侦探入门测试 5

想成为一名洞察世事的优秀侦探，你首先要有足够的知识储备。用知识武装头脑，用科学解开谜题。

你想住在什么样的房子里？请你为自己设计一座房子吧！

请自评分数，满分 20 分。

得分合计：